普通高等教育高职高专“十二五”规划教材　电气类

电工测量及实验

主　编　吴舒萍　聂英斌

主　审　许建安

中国水利水电出版社
www.waterpub.com.cn

内容提要

全书共两篇。第1篇讲述电工测量，主要内容有电工测量的一般知识、直流电流和电压的测量、电阻的测量和万用表、交流电流和电压的测量、功率的测量、电能及功率因数的测量及电测量指示仪表的选择和校验；第2篇介绍电路实验，包括了16个实验。为加强学生的技能水平，适应职业教育是以培养技术型、技能型人才为主要目标而编写的教程。

本书内容简明扼要，文字通俗易懂，系高、中职院校电气类、机电类、电子类专业的教材，也可作为培训电工测量人员的参考书。

图书在版编目（CIP）数据

电工测量及实验 / 吴舒萍，聂英斌主编. -- 北京 : 中国水利水电出版社，2013.11（2020.10重印）
普通高等教育高职高专“十二五”规划教材. 电气类
ISBN 978-7-5170-1298-6

Ⅰ. ①电… Ⅱ. ①吴… ②聂… Ⅲ. ①电气测量—高等职业教育—教材②电工试验—高等职业教育—教材 Ⅳ. ①TM93②TM-33

中国版本图书馆CIP数据核字(2013)第261483号

书　　名	普通高等教育高职高专“十二五”规划教材　电气类 **电工测量及实验**
作　　者	主编　吴舒萍　聂英斌　主审　许建安
出版发行	中国水利水电出版社 （北京市海淀区玉渊潭南路1号D座　100038） 网址：www.waterpub.com.cn E-mail：sales@waterpub.com.cn 电话：（010）68367658（营销中心）
经　　售	北京科水图书销售中心（零售） 电话：（010）88383994、63202643、68545874 全国各地新华书店和相关出版物销售网点
排　　版	中国水利水电出版社微机排版中心
印　　刷	天津嘉恒印务有限公司
规　　格	184mm×260mm　16开本　10印张　237千字
版　　次	2013年11月第1版　2020年10月第3次印刷
印　　数	5001—8000册
定　　价	**28.00**元

前言

QIANYAN

本教材是根据电力类专业的教学大纲的要求编写的。教材中比较详细地介绍了测量的基本知识，测量误差的基本概念，电气仪表的基本知识，目前电气测量中常用的模拟型仪表的基本结构和基本原理，主要包括磁电系仪表、电磁系仪表、电动系仪表、感应系电能表，应用这些仪表测量相关电气测量的原理电路，并介绍了仪表的选择方式、各种仪表的校验方法和电工测量的16个实验。在内容结构、阐述方法和文字表达上，顾及学生的知识水平，力求循序渐进、通俗易懂。

在编写本教材的过程中参阅了周南星编写的《电工测量及实验》、周启龙编写的《电工仪表和测量》和邱燕雷编写的《电路基础实验指导书》，力求使本书更符合电路基础课程的教学和实验要求。

本书由福建水利电力职业技术学院吴舒萍、聂英斌编写。其中实验十三到实验十六由聂英斌老师执笔，其余由吴舒萍老师执笔，在编写过程中得到了福建水利电力职业技术学院胡翼老师的支持，由福建水利电力职业技术学院许建安教授审稿，并提出了不少的修改意见和建议，在此表示衷心的感谢。

由于水平有限，书中的错误和不妥之处在所难免，敬希读者指正。

编者

2013.8

前言

目 录

MULU

第1篇 电 工 测 量

第2篇 电 路 实 验

第1篇　电　工　测　量

第1章　电工测量的一般知识

1.1　电工测量概述

1.1.1　测量

简单地说，测量就是确定被测量的数值。测量的过程，通常是将被测量与其单位量进行比较，以确定它是测量单位的多少倍或多少分之一。电工测量就是将被测的电工量与其单位量进行比较，以确定其大小的过程。

在电路实验中，绝大多数的实验涉及电路基本量的测量和电路基本规律的研究，这就要求学生能应用所选择的合适的仪器仪表尽可能获得令人满意的结果。

1.1.2　电工测量方法的分类

1. 按测量方式分类

（1）直接测量。由所用测量仪器仪表直接得到被测量数值的称为直接测量，如用电流表、电压表测电流、电压以及用电桥测电阻等。

（2）间接测量。先测出与被测量有关的几个中间量，然后通过计算再求得被测量的称为间接测量。例如，用伏安法测量电阻，就是先测出电阻的电压和电流，然后再根据欧姆定律计算出电阻值。

2. 按测量方法分类

（1）直读法。使用电工测量指示仪表，在测量时通过仪表指针的偏转直接读取被测量数值的称为直读法。各种电流表、电压表、功率表和万用表均为电工测量指示仪表。这种测量简便、快速，但由于仪表本身的误差等因素会造成测量误差。

（2）比较法。将被测量与标准量在比较式仪表内进行比较，从而得知被测量数值的称为比较法。各种直、交流电桥均为比较式仪表。这种测量方法的准确度高，但操作比较麻烦。

电工测量的方法是多种多样的，对某一被测量的测量常不限于采用一种方法。例如，测量电阻值，有伏安法、电桥法，也可用万用表来测量，每一种方法都有其优点和缺点。需要根据具体条件，采用合适的仪器仪表和合适的方法来进行测量。

1.2 仪表的误差

一个待测的物理量在客观上应具有其真实值，但由于受到仪器准确度、实验条件和观察者生理反应能力以及操作水平等因素的限制，测量结果只能是一个近似值。测量值与真值之差即称为误差。所以，无论在实验中进行测试还是处理数据，都应着眼于减小误差，尽可能使测量结果接近真值。

仪表的指示值与真值之间的差异，称为仪表的误差。仪表误差的大小反映了仪表的准确程度。

1.2.1 仪表误差的分类

根据产生误差的原因，仪表的误差分为两类。

1. 基本误差

这是仪表本身结构不够准确而固有的误差，如标尺刻度不准、轴尖与轴承之间发生摩擦、内部磁场改变和安装不正确等原因均会造成此类误差。

2. 附加误差

这是由于使用仪表在非正常工作条件下进行测量时产生的误差，如环境温度、外界电磁场、频率、波形等发生变化及安放位置不符合要求时均会引起此类误差。

1.2.2 误差的几种表示形式

1. 绝对误差

测量值（仪表的指示值、仪表的读数）A_x 与被测量的真值 A_0 之间的差值，称为绝对误差，用符号 Δ 表示，即

$$\Delta = A_x - A_0$$

由于被测量的真值 A_0 是不知道的，所以用标准表（用来鉴定工作仪表的高准确度仪表）测得的值 A 来替代 A_0，这样绝对误差便定义为

$$\Delta = A_x - A$$

式中 A——标准表的指示值，称为实际值。

绝对误差有正、负之分，测量值大于实际值时为正，小于实际值时为负。绝对误差的单位与被测量的单位相同。应该注意，不要把误差的绝对值与绝对误差混为一谈。

绝对误差比较直观，但只有当几个被测量的数值相等或接近相等时，它才能正确评定测量的准确度。

【例1-1-1】 电压表甲在测量实际值为100V的电压时，测量值为101V；电压表乙在测量实际值为1000V的电压时，测量值为998V。求两表的绝对误差。

解 甲表的绝对误差

$$\Delta_{甲} = 101 - 100 = 1(\text{V})$$

乙表的绝对误差

$$\Delta_{乙} = 998 - 1000 = -2(\text{V})$$

$|\Delta_{甲}| < |\Delta_{乙}|$，但如果认为甲表比乙表准确度高，显然是错误的。在这种情况下，应

采用相对误差来进行评定。

2. 相对误差

绝对误差 Δ 与实际值 A 的比值称为相对误差，它是一个无单位的数值，用符号 γ 表示。在测量学中，相对误差常用分子为 1 的分数来表示，如$\frac{1}{100}$、$\frac{1}{500}$等。在电工测量中，通常以百分数表示相对误差，即

$$相对误差=\frac{绝对误差}{实际值}\times 100\%$$

用数学表达式表示为

$$\gamma=\frac{\Delta}{A}\times 100\%$$

在例 1-1-1 中，甲、乙两电压表的相对误差分别为

$$\gamma_{甲}=\frac{1}{100}\times 100\%=1\%$$

$$\gamma_{乙}=\frac{-2}{1000}\times 100\%=-0.2\%$$

显然，后者较前者的准确程度高。可见，相对误差表明了误差对测量结果的相对影响，给出了误差的清晰概念。由于相对误差可以对不同测量结果的误差进行比较，所以它是误差计算中最常用的一种表示方法。工程上凡需确定测量结果的误差或估计测量结果的准确度时，一般都是计算相对误差。

由于被测量的实际值 A 和测量值 A_x 相差不大，所以工程上也常用测量值 A_x 代替 A 进行计算，即相对误差为

$$\gamma=\frac{\Delta}{A_x}\times 100\%$$

3. 引用误差

相对误差可以表示测量结果的准确程度，却不能用来说明仪表本身的准确性能。一只仪表在其测量范围内，各刻度处的绝对误差 Δ 相差不大，因而相对误差就随着测量值的减小而增大。例如，一只 0～250V 的电压表，在测量 200V 时，绝对误差 $\Delta=2$V，其相对误差为

$$\gamma=\frac{2}{200}\times 100\%=1\%$$

在测量 10V 时，绝对误差 $\Delta=1.9$V，其相对误差为

$$\gamma=\frac{1.9}{10}\times 100\%=19\%$$

因而相对误差在仪表的整个量限上变化很大，任取哪一个 γ 值来表示仪表的准确度都不合适。

如果把相对误差 γ 计算公式中的分母换用仪表的最大刻度值，则比值就接近于一个常数，解决了表示同一只仪表的相对误差变化太大的问题。绝对误差 Δ 与仪表最大刻度值 A_m 之比的百分数，称为引用误差或满度相对误差，记为 γ_n，即

$$\gamma_n=\frac{\Delta}{A_m}\times 100\%$$

引用误差虽然也是一种相对误差，但它是用绝对误差与一个常数之比值来表示的，故实际上它反映了同量限仪表的绝对误差的大小。只有当仪表的读数接近其量限时，引用误差才反映测量结果的相对误差。

根据我国国家标准规定，用引用误差来表示电测量仪表的基本误差。

仪表各刻度处的绝对误差不一定相等，其值有大有小，符号有正有负，其中最大绝对误差 Δ_m 与仪表的最大刻度值 A_m 之比的百分数，称为最大引用误差，记为 γ_{nm}，即

$$\gamma_{nm}=\frac{\Delta_m}{A_m}\times 100\%$$

一只合格的仪表，在规定的正常工作条件下，其最大引用误差应小于其允许的数值。

1.2.3　修正值

在实际测量中，常采用加入修正值的方法来提高测量结果的准确程度。

绝对值与 Δ 相等，而符号相反的值，称为修正值，用符号 C 表示，即

$$C=-\Delta$$

也就是

$$\text{修正值}=-\text{绝对误差}$$

故

$$\text{实际值}=\text{测量值}-\text{绝对误差}=\text{测量值}+\text{修正值}$$

即

$$A=A_x+C$$

【例 1-1-2】　一电压表在 50V 刻度点的 $\Delta=0.04$V，求该刻度的修正值和实际值。

解

$$C=-\Delta=-0.04\text{V}$$

$$U=U_x+C=50+(-0.04)=49.96(\text{V})$$

1.3　测　量　误　差

实验误差可分为 3 类，即系统误差、偶然误差和过失误差。

1.3.1　系统误差

在相同条件下，多次测量一物理量，其误差的绝对值与符号保持不变，或按其确定规律变化，这种误差称为系统误差。系统误差有多重来源，其中有一些与仪器有关，为了便于了解，拟分几个方面介绍。

1. 仪器的示值误差

例如，一电压表的示值不准，用它来测量某一电压 U 时，得 $U=8$V；设以一只高一级的电表校准此读数，得 $U_A=8.10$V（U_A 称为实际值或最近真值），则系统误差 $\Delta' U=U-U_A=-0.10$V。对于有示值误差的仪器，一般应对示值进行修正。修正值 $C_x=-\Delta' x$（设待测量为 X），在上例中，$C_U=-\Delta' U=0.10$V。所以

$$\text{实际值}=\text{示值}+\text{修正值}=8.00+0.10=8.10(\text{V})$$

2. 仪器的零值误差

例如，仪表在没有进行测量时指针不指在零位，即产生零值误差。所以在使用仪表

前，应先检查指针是否指零，否则需旋动零位调节器使指针指零。

3. 方法误差

测量方法误差是由于仪表接入电路后改变了电路的状态，或测量方法依据的是某个近似公式时造成的误差。如图 1-1-1 所示的电路，3kΩ 电阻两端的电压应为 6V，当接入内阻 $R_v=6k\Omega$ 的电压表时，测量所得为 5V。这时，绝对误差 $\Delta=5-6=-1(V)$，相对误差 $\gamma=\frac{-1}{6}=-16.7\%$，这就是测试方法的影响。

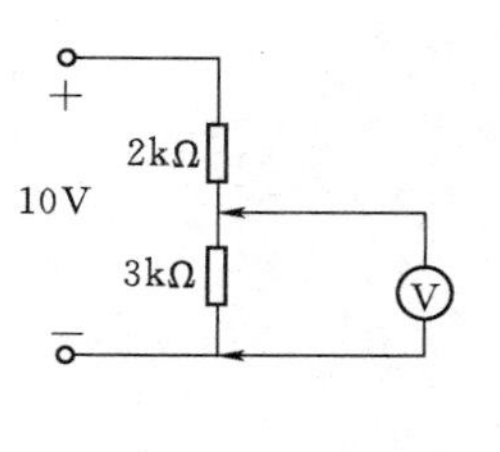

图 1-1-1 测量方法的影响

如在伏安法测电阻的实验中，由于电流表、电压表内阻的影响，对于不同阻值的测量，选择不同的实验方法可以减小（或消除）此项误差。

4. 仪器机构误差和测量附件误差等

前者如直流单臂电桥两个比例臂在设计上虽然相等，但实际上有差距等原因导致；后者如开关、导线等接线电阻、接触电阻所致。这些可以用交换法、替代法来巧妙地避免。

5. 系统误差

系统误差也包括按一定规律（指非统计规律）变化的误差。

1.3.2 偶然误差

在相同条件下多次重复测量同一物理量时，会发现各次测量值之间有差异，由此而产生的误差的绝对值和符号以不可预定的方式变化着，这种误差称为偶然误差。这类误差的起因是多方面的，如实验条件和环境因素导致的微小的、无规则的起伏变化，尤其与观察者生理分辨本领、手的灵活程度等因素有关。由于偶然误差没有规律性，它不为测量者所预知，也无法加以控制，所以偶然误差不能用实验方法加以修正。对这种误差，可通过获取大量测定值后求取平均值来使之减少。在消除系统误差之后，这种平均值比较接近实际值。因而，常以平均值作为测量结果。

1.3.3 过失误差

由于读数或计算时发生错误而引入的明显歪曲实验结果的误差，称为过失误差。对初学者来说这是常容易犯的错误，须多加注意。

1.4 仪表的准确度（精确度）

1.4.1 准确度

准确度的高低是用误差来衡量的。误差越小，准确度越高；误差越大，准确度越低。

准确度包含精密度和正确度两个成分，其中精密度是指多次重复测量某一值时，测量数据的一致程度（即精密度高，偶然误差小）。以射击为例，靶心相当于测量真值，而着弹点相当于测量值，准确的射击好比准确的测量。图 1-1-2（a）中，虽不命中，正确度差，但着弹点密集，表示精密度高；图 1-1-2（b）中，着弹点分散，精密度差，但正确度比图 1-1-1（a）所示的高（正确度高，系统误差小）。可见，精密度和正确度是有区别的。正确度和精密度都高，如图 1-1-2（c）所示，着弹点都集中在靶心。

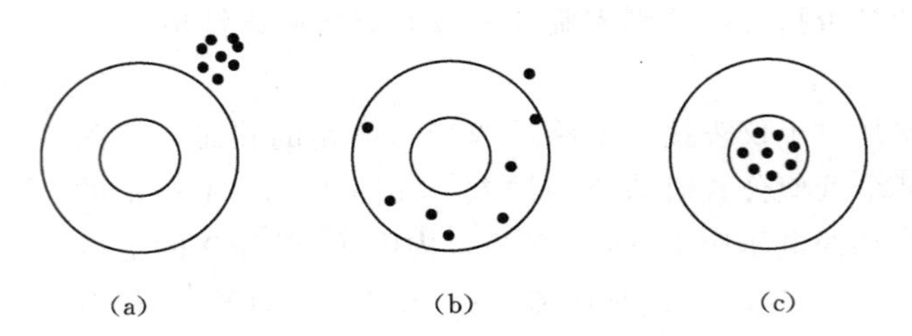

图 1-1-2 精密度与正确度比较示意图

(a) 精密度高；(b) 精密度低；(c) 精密度和正确度都高

测量结果的精密度高，不一定正确度就高；反之，正确度高，精密度不一定也高。不够精密或不够正确的程度超过一定的范围，测量结果就没有意义了。精密度和正确度都高，称为精确度（取前者之“精”，取后者之“确”）高或准确度高。

1.4.2 仪表准确度等级

仪表的准确度等级是表明仪表质量的主要标志，用来反映仪表的基本误差。

仪表的准确度等级是按国家标准规定［《电测量指示仪表通用技术条件》（GB 776）］的允许误差大小而划分的。根据国家标准规定共分 7 级：0.1、0.2、0.5、1.0、1.5、2.5、5.0 级。在各级仪表标尺工作部分的所有分度线上，其基本误差不允许超过仪表准确度等级的数值，如表 1-1-1 所示。

表 1-1-1　　准确度等级

准确度等级	0.1	0.2	0.5	1.0	1.5	2.5	5.0
基本误差（%）	±0.1	±0.2	±0.5	±1.0	±1.5	±2.5	±5.0

通常 0.1 和 0.2 级仪表为标准表，0.5～1.5 级仪表用于实验室，1.5～5.0 级则用于电气工程测量。若以 K 表示仪表的准确度等级，则 K 与最大引用误差的关系是

$$K\%\geqslant\frac{|\Delta_m|}{A_m}\times 100\%$$

表示准确度等级的数字越小，仪表准确度越高。选择仪表的准确度必须从测量实际出发，不要盲目提高准确度。在选用仪表时还要选择合适的量程，准确度高的仪表在使用不合理时产生的相对误差可能会大于准确度低的仪表。我国颁发的《电力工业技术管理法规》中规定：用于发电机及其重要设备的交流仪表，其准确度等级应该不低于 1.5 级；用于其他设备和线路上的交流仪表，应不低于 2.5 级；直流仪表应不低于 1.5 级。对于电力系统中的调度所和发电厂，为了准确监视系统的频率，宜采用数字式和记录式频率表，其测量范围在 45～55Hz 时的基本误差应不大于±0.02Hz。为了准确地监视系统电压，在电压监视点上应装设记录式电压表。

仪表一般都在运行现场使用，有些场合是很难满足规定的技术条件的，此时带来的仪表的附加误差，在《电测量指示仪表通用技术条件》（GB 776）中有相应规定。如 A 组

1.5级指示仪表的正常工作温度为20±2℃，温度每偏离10℃，所引起的附加误差用最大引用误差表示，也是±1.5%。

如测量25V电压，选用准确度为0.5级、量程为150V的电压表，测量结果中可能出现的最大绝对误差，由公式

$$\pm K\% = \frac{\Delta U_m}{A_m} \times 100\%$$

$$\Delta U_{m1} = \pm 0.5\% \times 150 = \pm 0.75(\text{V})$$

测量25V时的最大相对误差为

$$\gamma_{m1} = \frac{\Delta U_{m1}}{U} \times 100\% = \frac{\pm 0.75}{25} \times 100\% = \pm 3\%$$

如果选用准确度为1.5级、量程为30V的电压表，则测量结果中可能出现的最大绝对误差为

$$\Delta U_{m2} = \pm 1.5\% \times 30 = \pm 0.45(\text{V})$$

测量25V时的最大相对误差为

$$\gamma_{m2} = \frac{\Delta U_{m2}}{U} \times 100\% = \frac{\pm 0.45}{25} \times 100\% = \pm 1.8\%$$

由此例可知，并不是仪表“越高级越好”，仪表的准确度高，一般来说误差是小了，但仪表的量限大了会增大误差。这好比称小东西要用小秤或天平，而不能用大秤来称一样，否则可能无法称或称不准。因而选用仪表要考虑合适的量限。为了保证测量结果的准确度，仪表的量限应尽量接近被测量，通常被测量应大于仪表量限的1/2。在运行现场，应尽量保证发电机、变压器及其他电力设备在正常运行时，仪表指示在标度尺量限的2/3以上，并应考虑过负荷时能有适当指示。

【例1-1-3】 校验一只量限为300V的电压表，发现100V处的误差最大，其值$\Delta_m = -2\text{V}$，求该表的准确度等级。

解

$$\frac{|\Delta_m|}{A_m} \times 100\% = \frac{2}{300} \times 100\% = 0.67\%$$

准确度等级K为1.0级。

【例1-1-4】 用量限为5A、准确度等级为0.5级的电流表来测量5A和2.5A的电流，求测量结果可能出现的最大相对误差。

解 可能出现的最大绝对误差为

$$\Delta_m = \pm K\% \times A_m = \pm 0.5\% \times 5 = \pm 0.025(\text{A})$$

测量5A时，可能出现的最大相对误差为

$$\gamma = \frac{\Delta_m}{A} \times 100\% = \frac{\pm 0.025}{5} \times 100\% = \pm 0.5\%$$

测量2.5A时，可能出现的最大相对误差为

$$\gamma = \frac{\Delta_m}{A} \times 100\% = \frac{\pm 0.025}{2.5} \times 100\% = \pm 1.0\%$$

应该指出，仪表的准确度等级是反映仪表性能的主要指标，但由以上两例可知，使用仪表进行测量时，它所产生的相对误差可能会超过仪表准确度等级的允许误差，被测量越

小，相对误差就越大。所以，不能把仪表的准确度等级看成是测量结果的准确度。准确度等级为0.5级的仪表，其测量结果的相对误差通常会大于±0.5%。只有当被测量与仪表的满度值相等时，测量结果的相对误差才不大于仪表准确度等级所允许的误差。

1.5　工程上测量误差的粗略估计

前面介绍了3类测量误差的特点和来源，以及减小或消除的方法。由于系统误差的规律可为人们所掌握，下面主要介绍在工程上对系统误差的估计。

1.5.1　直接测量时误差的粗略估计

1. 仪表的误差估计

若仪表的准确度等级 K 和上量限 A_m 为已知，则测量时可能出现的最大绝对误差为

$$\Delta_m = \pm K\% A_m$$

上式确定了最大绝对误差的范围，但最大绝对误差出现在哪一刻度处则是不知道的。

如果测量值为 A_x，可认为 Δ_m 就出现在 A_x 处，则可能出现的最大相对误差为

$$\gamma = \frac{\Delta_m}{A_x} \times 100\% = \pm \frac{K\% \times A_m}{A_x} \times 100\%$$

如果测量时的环境条件不符合规定的正常工作条件，则应根据《电测量指示仪表通用技术条件》（GB 776）的规定计算附加误差。

仪表的测量误差为上述最大相对误差及附加误差之和。

【例1-1-5】 用一只量限为30A、准确度等级为1.5级的电流表，在环境温度为30℃时测量电流，指示值为10A。试估计测量结果的误差。

解　测量10A时可能出现的以相对误差表示的最大基本误差为

$$\gamma = \pm \frac{K\% A_m}{A_x} \times 100\% = \pm \frac{1.5\% \times 30}{10} \times 100\% = \pm 4.5\%$$

根据国家标准《国家电气设备安全技术规范》（GB 776—76），环境温度超出额定值后，每改变10℃时，附加误差为±1.5%。故测量结果总的最大相对误差为两者和，即

$$\gamma_\Sigma = \pm(4.5 + 1.5)\% = \pm 6\%$$

2. 测量方法的误差估计

对测量原理和公式进行全面研究，可分析出哪些参数会对测量产生影响，从而计算出误差，然后计入测量误差中。

1.5.2　间接测量时误差的粗略估计

间接测量时，有关的中间量在直接测量时都含有误差，这些误差影响到间接测量的误差。以下分几种情况进行计算分析。

1. 被测量 Y 为已知量 X_1 和 X_2 之和

$$Y = X_1 + X_2$$

根据 $A_x = A + \Delta$，有

$$Y = Y_0 + \Delta Y,\quad X_1 = X_{10} + \Delta X_1,\quad X_2 = X_{20} + \Delta X_2$$

$$Y_0+\Delta Y=X_{10}+\Delta X_1+X_{20}+\Delta X_2$$

故

$$\Delta Y=\Delta X_1+\Delta X_2$$

这里的 ΔX_1 和 ΔX_2 是测量值 X_1 和 X_2 的绝对误差。当 ΔX_1 和 ΔX_2 的符号已知时，ΔY 为它们的代数和。若 ΔX_1 和 ΔX_2 的符号未知时，ΔY 应取它们绝对值之和，以估算其可能的最大误差，即

$$|\Delta Y|=|\Delta X_1|+|\Delta X_2|$$

【例 1-1-6】 在正常工作条件下测量电流，假设 $I=I_1+I_2$。已知测得 $I_1=1\text{A}$，$\Delta I_1=0.01\text{A}$；$I_2=3\text{A}$，$\Delta I_2=-0.03\text{A}$。求 I 的误差。

解 因 ΔI_1 和 ΔI_2 的符号为已知，故

$$\Delta I=\Delta I_1+\Delta I_2=0.01+(-0.03)=-0.02(\text{A})$$

$$I=I_1+I_2=1+3=4(\text{A})$$

$$\gamma=\frac{\Delta I}{I}\times 100\%=\frac{-0.02}{4}\times 100\%=-0.5\%$$

【例 1-1-7】 在正常工作条件下进行测量，假设 $I=I_1+I_2$。已知 $I_1=1\text{A}$，$\gamma_1=\pm 1\%$；$I_2=3\text{A}$，$\gamma_2=\pm 1\%$。求 I 的误差。

解

$$\Delta I_1=\gamma_1\times I_1=\pm 1\%\times 1=\pm 0.01(\text{A})$$

$$\Delta I_2=\gamma_2\times I_2=\pm 1\%\times 3=\pm 0.03(\text{A})$$

因 ΔI_1 和 ΔI_2 的符号为未知，从最不利情况来考虑，可能出现的间接测量误差的最大值为

$$|\Delta I|=|\Delta I_1|+|\Delta I_2|=0.01+0.03=0.04(\text{A})$$

最大相对误差

$$\gamma=\frac{\Delta I}{I}\times 100\%=\frac{\pm 0.04}{4}\times 100\%=\pm 1\%$$

仍未超过 I_1 和 I_2 的相对误差。

2. *被测量 Y 为已知量 X_1 和 X_2 之差*

$$Y=X_1-X_2$$

则

$$\Delta Y=\Delta X_1-\Delta X_2$$

从最不利情况来考虑，有

$$|\Delta Y|=|\Delta X_1|+|\Delta X_2|$$

【例 1-1-8】 在正常工作条件下测量时，假设 $I_2=I-I_1$。已知 $I=3\text{A}$，$\gamma=\pm 1\%$；$I_1=1\text{A}$，$\gamma_1=\pm 1\%$。求 I_2 的相对误差。

解

$$\Delta I=I\gamma=3\times \pm 1\%=\pm 0.03(\text{A})$$

$$\Delta I_1=I_1\gamma_1=1\times \pm 1\%=\pm 0.01(\text{A})$$

从最不利的情况来考虑，间接测量结果的最大绝对误差为

$$|\Delta I_2|=|\Delta I|+|\Delta I_1|=|\pm 0.03|+|\pm 0.01|=0.04(\text{A})$$

而

$$I_2 = I - I_1 = 3 - 1 = 2\ (\mathrm{A})$$

则

$$\gamma_2 = \frac{\Delta I_2}{I_2} \times 100\% = \frac{\pm 0.04}{2} \times 100\% = \pm 2\%$$

可见，间接测量结果可能出现的最大相对误差大于两个中间量的相对误差，且两个中间量越接近，也就是被测量越小时，被测量的相对误差就越大。所以这种测量方法应尽量不采用，如果必须采用时，则应提高各中间量的测量准确度。

3. 被测量 Y 为已知量 X_1 和 X_2 之积

$$Y = X_1 X_2$$

$$\begin{aligned}\Delta Y &= Y - Y_0 = X_1 X_2 - X_{10} X_{20} \\ &= X_1 X_2 - (X_1 - \Delta X_1)(X_2 - \Delta X_2) \\ &= X_1 \Delta X_2 + X_2 \Delta X_1 - \Delta X_1 \Delta X_2 \\ &\approx X_1 \Delta X_2 + X_2 \Delta X_1\end{aligned}$$

上式中，$\Delta X_1 \Delta X_2$ 很小，故可略去。

间接测量结果的相对误差为

$$\begin{aligned}\gamma &= \frac{\Delta Y}{Y} \times 100\% = \frac{X_1 \Delta X_2 + X_2 \Delta X_1}{X_1 X_2} \times 100\% \\ &= \left(\frac{\Delta X_1}{X_1} + \frac{\Delta X_2}{X_2}\right) \times 100\% = \gamma_1 + \gamma_2\end{aligned}$$

因而，测量结果为两个中间量相乘时，两个中间量的相对误差符号最好是相反的。

当 γ_1 和 γ_2 的符号未知时，从最不利的情况考虑，可能产生的最大相对误差为

$$|\gamma| = |\gamma_1| + |\gamma_2|$$

4. 被测量 Y 为已知量 X_1 和 X_2 之商

$$Y = \frac{X_1}{X_2}$$

与积的推导相同，可得

$$\gamma = \gamma_1 - \gamma_2$$

因而，测量结果为两个中间量相除时，这两个中间量的相对误差符号最好是相同的。

当 γ_1 和 γ_2 的符号不能确定时，从最不利的情况来考虑，可能出现的最大相对误差为

$$|\gamma| = |\gamma_1| + |\gamma_2|$$

【例 1-1-9】 在正常工作条件下，用0.5级、量限为3V的电压表测得电阻 $R=10\Omega$（$\gamma_R = \pm 1\%$），两端的电压为2.50V。试求电阻中的电流和电流的误差范围。

解

（1）电阻中的电流

$$I = \frac{U}{R} = \frac{2.50}{10} = 0.250(\mathrm{A}) = 250(\mathrm{mA})$$

（2）测量结果的最大相对误差

$$|\gamma_1| = |\gamma_U| + |\gamma_R|$$

其中
$$\gamma_U=\frac{\pm 0.5\%\times 3}{2.50}\times 100\%=\pm 0.6\%$$
已知
$$\gamma_R=\pm 1\%$$
故
$$|\gamma_I|=0.6\%+1\%=1.6\%$$
$$\gamma_I=\pm 1.6\%$$

【例 1-1-10】 在正常工作条件下，用伏安法测量电阻时，所用电压表和电流表均为 0.2 级。试估计测量电阻的误差范围。

解
$$R=\frac{U}{I}$$
$$|\gamma_R|=|\gamma_U|+|\gamma_I|=0.2\%+0.2\%=0.4\%$$
$$\gamma_R=\pm 0.4\%$$

1.6 电气测量指示仪表的主要技术要求

要保证测量结果的准确、可靠，就必须对测量仪表提出一定的质量要求。为了衡量电气测量指示仪表的质量，我国制订了国家标准《电气测量指示仪表通用技术条件》(GB 776—65)，对仪表质量提出了较全面的要求。对于一般电气测量指示仪表来说，主要有下列几个方面的要求。

1.6.1 有适合于被测量的灵敏度

在测量过程中，如果被测量变化一个很小的 Δx 值，引起测量仪表活动部分偏转角改变一个 $\Delta\alpha$，则 $\Delta\alpha$ 与 Δx 的比值称为该仪表的灵敏度，用符号 S 表示，即
$$S=\frac{\Delta\alpha}{\Delta x}$$

当 $\Delta x\to 0$ 时
$$S=\lim_{\Delta x\to 0}\frac{\Delta\alpha}{\Delta x}=\frac{d\alpha}{dx}$$

若仪表为均匀刻度，则
$$S=\frac{\alpha}{x}$$

这时灵敏度的大小就等于一个单位被测量引入测量仪表所引起的偏转格数。

灵敏度的倒数称为“仪表常数”，并用符号 C 表示，即
$$C=\frac{1}{S}=\frac{x}{\alpha}$$

灵敏度是电工仪表的重要技术特征之一，C 的数值越小，也就是 S 的数值越大，仪表的灵敏度就越高。对于各项精密电磁测量工作往往是非常重要的，它反映出仪表能够测量的最小被测量。

1.6.2 有足够的准确度

仪表的基本误差应与该仪表所标明的准确度等级相符，具体地说，即在仪表标度尺的“工作部分”的所有分度线上，仪表的基本误差都不应超过表 1-1-1 的规定。

1.6.3 变差小

在外界条件不变的情况下，进行重复测量时，对应于仪表同一个示值的被测量实际值之间的差值称为“示值的变差”，用符号 Δ_v 表示。

对于指示仪表来说，当被测量由零向上限方向平稳增加与由上限向零方向平稳减少时，对应于同一个分度线的两次读数的被测量实际值之差称为“示值升降变差”，即

$$\Delta_v = |X'' - X'|$$

式中 X''——平稳增加时测得的实际值；

X'——平稳减少时测得的实际值。

变差通常用引用误差的形式表示。

1.6.4 受外界因素影响小

当外界因素如温度、外磁场等影响量的变化超过仪表规定条件时（表1-1-2）所引起的仪表示值变化应当越小越好。

表1-1-2 影响量的额定值及其允许偏差

<table>
<tr><th colspan="2" rowspan="2">影响量①</th><th colspan="2">额 定 值</th><th colspan="2">额定值允许偏差</th></tr>
<tr><th>当注明时</th><th>当未注明时</th><th>0.1、0.2、0.5级仪表</th><th>1.0、1.5、2.5、5.0级仪表</th></tr>
<tr><td colspan="2">工作位置</td><td>规定位置</td><td>任何位置</td><td colspan="2">规定位置</td></tr>
<tr><td colspan="2">温度</td><td>规定值或规定范围内任一值</td><td>±20℃</td><td colspan="2">±2℃</td></tr>
<tr><td colspan="2">电压</td><td>规定值或规定范围内任一值</td><td>—</td><td colspan="2">±2%</td></tr>
<tr><td colspan="2">频率</td><td>规定值或规定范围内任一值</td><td>50Hz</td><td colspan="2">±2%②</td></tr>
<tr><td colspan="2" rowspan="2">交流电流或电压的波形</td><td rowspan="2">正弦的</td><td rowspan="2">正弦的</td><td colspan="2">波形畸变系数不大于5%③</td></tr>
<tr><td>对整流系、电子系仪表不大于1%</td><td>≤2%</td></tr>
<tr><td colspan="2">外磁场</td><td>应无外磁场</td><td>应无外磁场</td><td colspan="2">仅有地磁场存在</td></tr>
<tr><td colspan="2">铁磁物质</td><td>规定的钢板</td><td>无铁磁物质</td><td colspan="2">—</td></tr>
<tr><td colspan="2">外电场</td><td>应无外电场</td><td>应无外电场</td><td colspan="2">—</td></tr>
<tr><td rowspan="2">功率因数</td><td>有功功率表</td><td>规定值</td><td>$\cos\varphi=1$</td><td colspan="2">$\cos\varphi=1$</td></tr>
<tr><td>无功功率表</td><td>规定值</td><td>$\sin\varphi=1$</td><td colspan="2">$\sin\varphi=1$</td></tr>
</table>

① 对仪表指示值有一定影响，但不是仪表所要测量的参数，如周围空气温度、被测量电流或电压的频率、电源电压或外磁场等，称为影响量。

② 对单相相位表和单相乏尔表则为±0.5%。

③ 畸变系数——交流电压（或电流）波形中，二次以上谐波分量有效值之和与总的电压（或电流）之比。可以用失真仪直接测量电压的畸变系数。

1.6.5 仪表本身所消耗的功率小

在测量过程中，仪表本身必然要消耗一部分能量。当被测量电路功率很小时，若仪表

所消耗功率太大，将使电路工作情况改变，因而引起误差。

1.6.6　有足够高的绝缘电阻、耐压能力和过载能力

为了保证使用上的安全，仪表应有足够高的绝缘电阻和耐压能力。仪表绝缘电阻是指仪表及其附件中的所有线路与外壳间的绝缘电阻，耐压能力就是指这一绝缘电阻所能耐受的试验电压数值。

1.7　电气测量指示仪表的组成和基本原理

1.7.1　电气测量指示仪表概述

测量各种电磁量的仪器仪表统称为电工仪表。电工仪表是用于测量电压、电流、电能、电功率等电量和电阻、电感、电容等电路参数的仪表，还可以通过相应的变换器用来测量非电磁量（如温度、压力和速度）。在电气设备安全、经济、合理运行的监测与故障检修中起着十分重要的作用。电工仪表的结构性能及使用方法会影响电工测量的精确度，电工必须能合理选用电工仪表，而且要了解常用电工仪表的基本工作原理及使用方法。

1. 电工仪表的分类

常用电工仪表有：直读指示仪表，它把电量直接转换成指针偏转角，如指针式万用表；比较仪表，它与标准器比较，并读取二者的比值，如直流电桥；图示仪表，它显示两个相关量的变化关系，如示波器；数字仪表，它把模拟量转换成数字量直接显示，如数字万用表。常用电工仪表按其结构特点及工作原理分类，有磁电式、电磁式、电动式、感应式、整流式、静电式和数字式等。

2. 电工仪表的表面标记和符号

仪表的表面有各种标记符号，以表明它的基本技术特性。根据国家规定，每一只仪表应有测量对象电流种类、单位、工作原理的系别、准确度等级、工作位置、外界条件、绝缘强度、仪表型号及额定值等的标志。表 1-1-3 给出了电工仪表常见的表面标记符号。

表 1-1-3　电工仪表的表面标记符号

分类	符　号	名　　称
电流种类	—	直流
	~	交流
	≂	直流和交流
	≈	三相交流
测量单位	A	安［培］
	V	伏［特］
	W	瓦［特］
	var	乏
	Hz	赫［兹］

分类	符　号	名　　称
工作原理		磁电系仪表
		电磁系仪表
		电动系仪表
		磁电系比率表
		铁磁电动系仪表
		整流系仪表

续表

分类	符　号	名　称	分类	符　号	名　称
准确度等级	1.5	以表尺量限的百分数表示	外界条件	Ⅳ　[Ⅳ]	Ⅳ级防外磁场及电场
	(1.5)	以指示值的百分数表示		△A	A组仪表
工作位置	⊥	标度盘垂直使用		△B	B组仪表
	⊓	标度盘水平		△C	C组仪表
	∠60°	标度盘相对水平面倾斜（如60°）使用	绝缘强度	☆0	不经受电压试验的装置
外界条件	[∩]	Ⅰ级防外磁场（如磁电系）		☆2	试验电压高于500V（如2kV）
	[↓]	Ⅰ级防外电场（如静电系）	端钮	+	正端钮
	Ⅱ　[Ⅱ]	Ⅱ级防外磁场及电场		−	负端钮
	Ⅲ　[Ⅲ]	Ⅲ级防外磁场及电场		↗	公共端钮

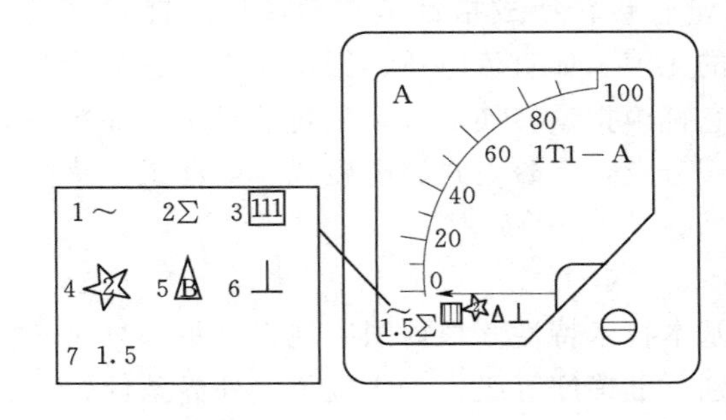

图1-1-3　1T1—A型交流电流表

图1-1-3所示为1T1—A型交流电流表，其表盘左下角符号含义：1为电流种类符号，～为交流；2是仪表工作原理符号，图示符号为电磁式；3为防外磁场等级符号，图示符号为Ⅲ级；4是绝缘强度等级符号，仪表绝缘可经受2kV耐压试验；5是B组仪表；6是工作位置符号；⊥表示盘面应位于垂直方向；7是仪表准确度等级1.5级。

3. 型号

电工仪表的产品型号按有关规定的标准编制。开关板式与可携式仪表的型号编制是不同的。

(1) 开关板式仪表的型号组成，如图1-1-4所示。

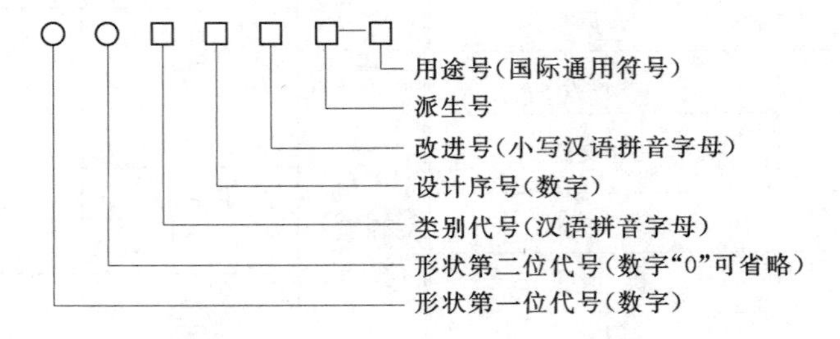

图1-1-4　开关板式仪表型号组成

形状第一位代号按仪表的面板形状最大尺寸编制。

形状第二位代号按仪表的外壳形状尺寸特征编制。

系列代号按仪表的工作原理编制，如“C”表示磁电系、“T”表示电磁系、“D”表示电动系、“G”表示感应系、“L”表示整流系。

例如，44C7—kA 型电流表，其中“44”为形状代号，可由产品目录查得其正面尺寸和安装开孔尺寸；“C”表示磁电系仪表；“7”为设计序号；“kA”表示用于电流测量。

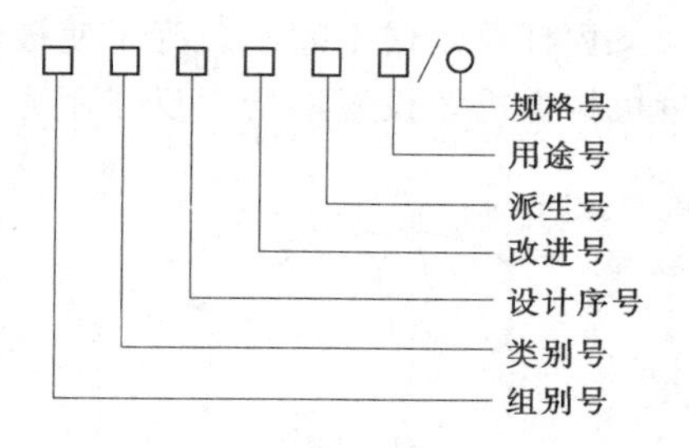

图 1-1-5　可携式仪表的型号组成

(2) 可携式仪表的型号组成如图 1-1-5 所示。

例如，T21—V 型电压表，其中“T”表示电磁系仪表；“21”为设计序列；“V”表示用于电压测量。

电工仪表的型号标明在仪表的表盘上。

1.7.2　电气测量指示仪表的组成

电气测量指示仪表可以分为测量线路和测量机构两部分。

测量线路的作用是把被测量转换为测量机构可以接受的过渡量（如转换为电流），然后再通过测量机构把过渡量转换为指针的角位移。

测量机构是电测量指示仪表的核心，没有测量机构就不成为电测量指示仪表，而测量线路则根据被测对象的不同而有不同的配置，如果被测对象可以直接为测量机构所接受，也可以不配置测量线路。例如，变换式仪表就是用磁电系仪表作为测量机构，不论是功率表、频率表还是相位表都用相同的测量机构做表芯，然后配上不同的变换器（即测量线路）以达到测量不同被测量的目的。为此，下面着重介绍测量机构的组成。

电测量指示仪表的测量机构是由固定部分和可动部分组成的，以便能将被测量转换为可动部分的偏转角，按可动部分在偏转过程中各元件所完成的功能和作用，可以把测量机构分为以下 3 个部分。

1. 产生转动力矩 M 的驱动装置

为了使电测量指示仪表的指针能够在被测量的作用下产生偏转，就必须有一个能产生转动力矩的驱动装置。不同类型的仪表，其驱动原理也不一样。例如，磁电系仪表是利用永久磁铁和通电线圈间的电磁力，以驱动可动部分偏转；而静电系仪表，则利用固定电极板和可动电极板之间的电场力，使可动部分得到转动力矩。

各种电磁力矩的大小除了与电磁场的强弱有关外，还取决于电磁场的分布状况，通常电磁场强弱由被测量的大小决定，而分布状况则与可动部分所处的位置有关。例如，电磁系、电动系仪表的转动力矩 M 是 x 和 α 的二元函数，即 $M=f(x, \alpha)$。而磁电系仪表则由于气隙中磁场比较强，不受可动线圈位置的影响，所以磁电系仪表的转动力矩 M 只与被测量 x 有关，并且是 x 的线性函数。

2. 产生反作用力矩 M_α 的控制装置

如果测量机构只有驱动装置，而没有控制装置，则不论被测量 x 是大还是小，可动部分在转动力矩作用下，总是要偏转到尽头，好像一杆不挂秤砣的秤，不论被测重量多大，秤杆总是向上翘起。为了使被测量 x 大小不同时，可动部分能转过不同的角度，测量机构上需要设置能产生反作用力矩的控制装置。

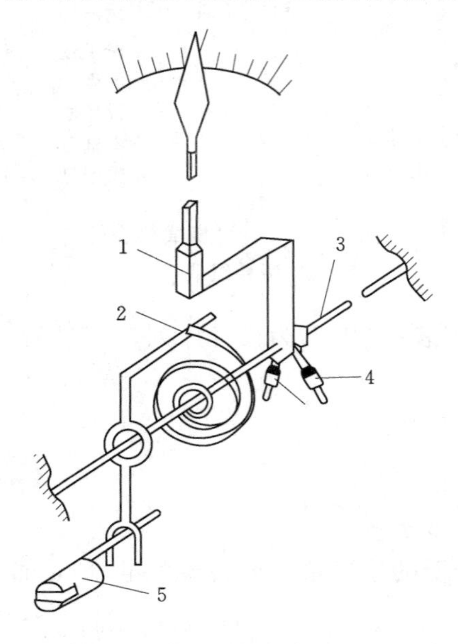

图 1-1-6　用弹簧游丝产生反作用力矩
1—指针；2—弹簧游丝；3—轴；4—平衡锤；5—调零器

图 1-1-6 所示的盘形游丝就是一种常用的产生反作用力矩的装置。当可动部分在转动力矩作用下产生偏转时，就会同时扭紧游丝使游丝产生一个与转动力矩方向相反的反作用力矩。游丝是一种弹性材料，所以在弹性范围内反作用力矩的大小正比于扭动游丝的偏转角 α，即

$$M_\alpha = D\alpha$$

式中　D——反作用力矩系数，由游丝的材料、外形决定；

α——可动部分的偏转角。

当转动力矩等于反作用力矩时，即 $M=M_\alpha$。可动部分就停止转动，对于磁电系仪表，这时对应的偏转角 α 可按下式推得，设 $M=F(x)$，则

$$F(x)=D\alpha,\ \alpha=\frac{F(x)}{D}$$

如果用图形表示，则如图 1-1-7 所示，假设转动力矩 M 是 x 的函数，而与可动部分所在的位置 α 无关，转矩曲线是一条与 α 坐标轴平行的直线，而 M_α 与 α 成正比，所以反作用力矩曲线是一条向上倾斜的直线。两线的交点就是可动部分平衡点，对应的角度 α 就是可动部分停止位置。转动力矩 M 不同时，如 $M=M'$ 或 $M=M''$，对应的 α 也不同。从图 1-1-7 中还可以看出，当外界因素（如振动）使可动部分偏离平衡位置时，如图 1-1-7 中的 M_1 和 M_2 点，将使 $M\neq M_\alpha$，从而产生差力矩，这个力矩称为定位力矩 M_b，即

$$M_b = M - M_\alpha$$

定位力矩将力图使仪表的可动部分返回原来的平衡位置。但是由于轴尖与轴承间总是存在摩擦力，可动部分总是没有办法回到原来的平衡点，从而造成仪表的示数误差，这种误差也称为摩擦误差，它是仪表基本误差的一部分。为了减少摩擦误差，可以提高游丝反作用力矩系数 D，以便增加定位力矩，也可以想办法减轻可动部分的重量，或提高制造精度减少摩擦力矩。

除了用游丝产生反作用力矩外，还可以用张丝、吊丝或重力装置，也有用电磁力产生反作用力矩，如比率型仪表。

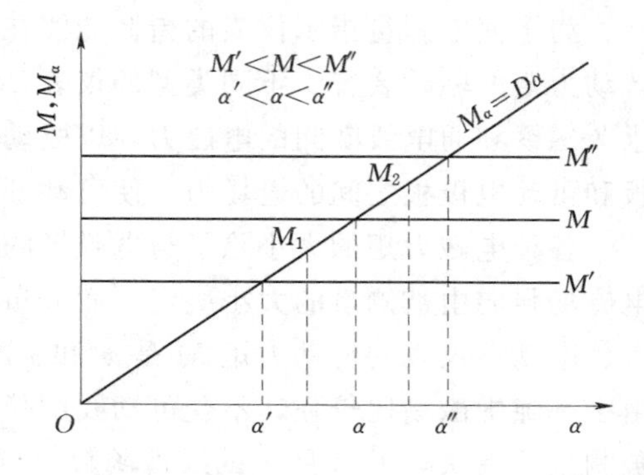

图 1-1-7　转动力矩、反作用力矩与偏转角 α 的关系

3. 产生阻尼力矩 M_d 的阻尼装置

从转动力矩和反作用力矩的关系可知，可动部分受转动力矩作用后，最终总会停在一个平衡位置上，但由于可动部分具有一定的转动惯性，故可动部分达到平衡位置后，并不立即停止，往往要超过平衡点，而定位力矩又会使它返回到平衡位置，这就造成指针在读数位置来回摆动的现象。

为了尽快读数，测量机构必须设有吸收这种振荡能量的阻尼装置，以便产生与可动部分运动方向相反的力矩。应当指出，阻尼力矩是一种动态力矩。当可动部分稳定后，它就不复存在。因此，阻尼力矩并不改变由转动力矩和反作用力矩所确定的偏转角。

常用的阻尼装置有两种：一种是空气阻尼器，利用可动部分运动时带动阻尼翼片，使翼片在一个密封的阻尼箱中运动，从而产生空气阻力作为阻尼力矩，它的结构如图 1－1－8（a）所示；另一种是感应阻尼器，利用可动部分运动时带动一个金属阻尼片，使之切割阻尼磁场的磁力线，从而使阻尼片产生涡流，涡流与磁场形成的电磁力作为阻尼力矩，它的结构如图 1－1－8（b）所示。

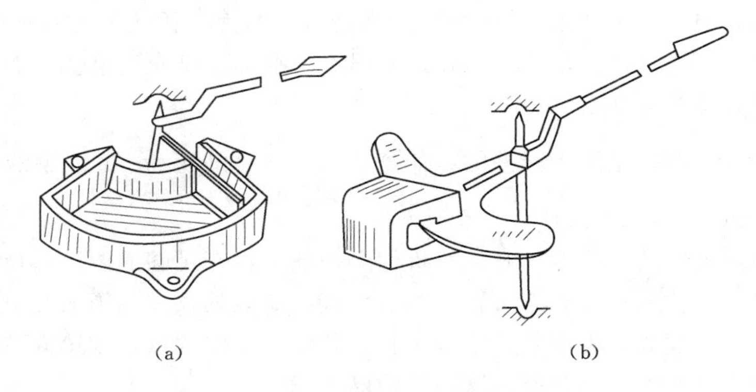

(a)　　(b)

图 1－1－8　阻尼器

（a）空气阻尼器；（b）感应阻尼器

此外还有油阻尼，这种阻尼装置结构比较复杂，多用于高灵敏度的张丝仪表中。测量机构除了以上 3 种主要装置外，还应有指示装置，即指针式的指针与度盘、光标式的光路系统和刻度尺、调零器、平衡锤、止动器和外壳等部分。

1.8　有效数字的运算规则

1.8.1　有效数字的概念

测量值一般都含有误差，所以测量值是近似值。近似值的数字应取多少位，这是应该弄清楚的。例如，图 1－1－9 所示为 0～50 量限的电压表。电压表指针在位置 1 的读数为 8.3V 其中小数点后的“3”是估读的（欠准的）；指针在位置 2 时，正指在 25V 处，应记为 25.0V；指针在位置 3 时，正指在 40V 处，应

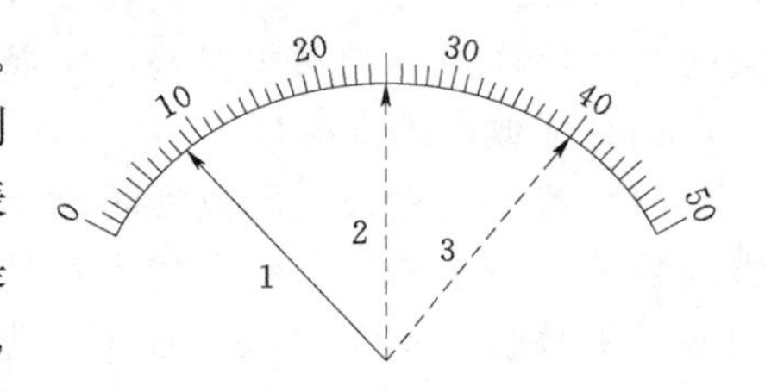

图 1－1－9　仪表有效数字的读取

记为 40.0V。如果该表量限为 5V，则各量应记为 0.83V、2.50V 和 4.00V。这种仪表的测量值最多只能写成 3 位数，如果多于 3 位数，3 位数后的数字就无意义了。

一个数据，从左边第一个非零数字算起至后面含有误差的一位止，其间所有数码均为有效数字。有效数字的位数称为有效位数，有效位数越多误差越小。例如，$\pi=3.14159\cdots$，在计算中可取

$\pi=3.142$　　4 位有效数

$\pi=3.1416$　　5 位有效数

可见，有效位数表征着近似值的准确程度。

在数学中，1.1 和 1.10 是相等且没有区别的，但作为测量数据，二者是有区别的。前者表示误差出现在小数点后第一位，而后者表示误差出现在小数点后第二位，因此，后者比前者要精确。

“0”这个数字，当它在数字中间或在数尾时，是有效数字，如 101、200、2.30。在小数点后的数尾不能随便增加或减少零。但当“0”在第一个非零数字之前时，就不是有效数字，如 0.023 中第一个和第二个“0”都不是有效数字，因为 0.023m 可以写成 $23\times10^{-3}\text{m}=23\text{mm}$，也可以写成 $23\times10^{-6}\text{km}$，采用不同乘幂仅仅改变单位，而不能改变准确度，故此数的有效位数为 2。

有些数值为准确值，是不带误差的，如公式 $\omega=2\pi f$ 和 $W=\frac{1}{2}LI^2$ 中的 2 和 $\frac{1}{2}$，它们的有效位数应为无穷多位。

为了保证测量仪器的准确度，其指示机构必须使读数有足够的位数，位数不够会增加仪器的测量误差，位数太多又没有必要，如数字式电压表的误差为万分之几，就应设计 5 位读数，若仅有 4 位读数，则误差达千分之几，若设计 6 位读数，则第 6 位表示整个读数的十万分之几，比总误差还小，所以这一读数已无意义。

1.8.2 有效数字的修约规则

通常，对测量或计算所得数据要进行舍入处理，以使它具有所需的位数，这个处理工作叫“修约”，修约的规则如下：

若选定有效位数为 n，则第 $n+1$ 位后的多余数字按下列规则舍入。

（1）当第 $n+1$ 位数字大于 5 时则入，如 e=2.71828，取 3 位为 e=2.72。

（2）当第 $n+1$ 位数字小于 5 时则舍，如 e=2.71828，取 4 位为 e=2.718。

（3）当第 $n+1$ 位数字恰好等于 5 时应使用“偶数原则”：若第 n 位为奇数，则进 1，如 $\pi=3.14159$，取 4 位为 $\pi=3.142$；若第 n 位为偶数，则舍去，如 123.45 取 4 位为 123.4。总之，要使末位凑成偶数。这与“四舍五入”的一般规则不同，逢 5 就入会在大量的数字运算中造成累积误差，而根据末位的奇偶数来决定入或舍，可使入与舍的机会相等，提高了数据的准确度。

（4）若需要舍去的尾数为两位以上的数字时，不得进行连续修约，而应该根据准备舍去的数字中左边第一个数字的大小，按上述规则一次修约出结果。例如，12.346 需要修约成 3 位数时，应为 12.3，而不是先修约成 12.35，再修约成 12.4。

1.8.3　有效数字的运算规则

1. 加减运算

（1）小数位数相同时，其和、差的有效数的小数位与原来的相同，如 12.34＋56.78＝69.12。

（2）小数位数不同时，应对小数位数多的先进行舍入处理，使它仅比小数位数最少的只多一位小数。加减运算后，应保留的小数位数与原来近似值中最少的小数位数相同。

【例 1－1－11】 求近似值 0.1234、4.567、78.9 之和。

解　若直接相加

$$\begin{array}{r} 0.1234 \\ 4.567 \\ +)\ 78.9 \\ \hline 83.59 \end{array}$$

其和为 83.5904，但第 3 个近似值中的第 3 位数 9 是欠准的，故和数的尾数 0.0904 已无实际意义而应略去，和数应取 83.6。可见，此尾数的计算是多余的。实际计算时，为了简便，可对小数位数较多的近似值先进行舍入，使它们只比小数位最少的只多一位，如

0.1234　　取为 0.12

4.567　　取为 4.57

再与 78.9 相加

$$\begin{array}{r} 0.12 \\ 4.57 \\ +)\ 78.9 \\ \hline 83.59 \end{array}$$

然后，再取舍为 83.6，使其小数位数与最少的小数位数相同。

2. 乘除运算

两个近似值相乘或相除时，要求：

（1）先对有效位数多的近似值进行修约，使它比有效位数最少的近似值只多一位有效数字。

（2）计算结果应保留的有效位数与原近似值中有效位数最少的那个数相同。

【例 1－1－12】 求 0.12×34.5×6.789。

解　有效位数最少的是 0.12，为两位数。故应将 6.789 修约为 3 位，即 6.79，然后计算

$$0.12\times34.5\times6.79=28.1106$$

应保留两位数，故取 28。

3. 平均值

多次重复测量的数据，其平均值应与单次测量数据的有效数字的位数一样。

练习与思考

（1）什么是测量误差？产生测量误差的主要原因有哪些？

（2）根据误差的性质，可以把误差分为哪几类？

（3）简述消除误差的基本方法。

（4）说出表示误差方法的种类及其含义。

（5）如何表示仪表的灵敏度和准确度？

（6）仪表的好坏为什么不能用相对误差的数值来表示？

（7）用一只电流表测量实际值为20.0A的电流，指示值为19.0A，问电流表的相对误差和修正值为多少？（－5%，1.0A）

（8）用一普通电压表测量某一电压时，指示值为220V；而改用高准确度电压表测量时，指示值为218V。求普通电压表测量时的相对误差。（0.9%）

（9）电工仪表的准确度等级与仪表的误差有什么关系？

（10）用量限为10A、1.0级的电流表测量5A和10A的电流，可能出现的最大相对误差是多少？（±2.0%，±1.0%）

（11）测量220V的电压，现有两只表：①量限600V、0.5级；②量限250V、1.0级。为了减少测量误差，试问应选用哪只表？（选②）

（12）测量220V的电压，要求相对误差不大于±1.0%，如果选用量限为300V的电压表，其准确度等级应为几级？如果选用量限为500V的电压表，其准确度等级为几级？（0.5，0.2）

（13）有一只电压表，量限为100V，原来的准确度等级为0.5级，现对它进行校验，试验结果如下表，试判断该表目前的准确度等级。（1.0）

被校表读数（V）	0	10	20	30	40	50	60	70	80	90	100
标准表读数（V）（升）	0	10.4	20.4	30.4	40.5	50.6	60.1	69.9	80	90.1	100.2
标准表读数（V）（降）	0	9.6	19.6	29.6	39.3	49.5	59.5	69.9	79.9	89.9	100.2

（14）将下列各数修约为只有3位有效数字的数。

①1.234；②1.2967；③1.345。

（1.23，1.30，1.34）

（15）将下列各数修约为只有两位有效数字的数。

①1.450；②1.350；③2.25。

（1.4，1.4，2.2）

（16）试进行下列运算。

①12.3＋0.04＋5.678；②12.3×0.04×5.678。

（18.0，3）

第2章 直流电流和电压的测量

2.1 电压和电流的测量

在电工测量中，电流和电压是两个基本的被测量，这不仅是因为测量它们本身很重要，而且许多非电量（如温度）也都是转换成电流或电压后才进行测量的。

测量电流和电压大多采用直读式指示仪表，这种仪表的各项技术性能均能满足一般工程和实验的需要。

测量时，电流表应与被测电路串联，电压表应与被测电路并联。由于电流表的内阻不等于零，电压表的内阻不等于无限大，所以当它们接入电路时，会对电路的工作状态产生影响，从而造成测量误差。电流表的内阻越小或电压表的内阻越大，对被测电路的影响就越小，测量误差也就越小。

磁电系、电磁系和电动系测量机构都能用于电流表和电压表。直流电流表和直流电压表主要采用磁电系测量机构，交流电流表和交流电压表多采用电磁系测量机构，直、交流标准表则多采用电动系测量机构。

开关板式电流表的量限不超过100A，电压表则不超过600V。经互感器连接的电表的量限是有规定的，电流表的量限为5A，电压表的量限为100V，但仪表的标尺则以互感器的电流或电压来刻度。

测量电流也可以用间接测量法，如通过测量电阻两端的电压再经计算而求得电流。

2.2 磁电系测量机构

2.2.1 结构

磁电系测量机构是利用永久磁铁的磁场对载流线圈产生作用力的原理制成的，图1-2-1是这种机构的一般结构。

测量机构由两部分组成：一是固定部分；二是可动部分。

固定部分是磁路系统，它包括永久磁铁1、圆柱形铁芯3。圆柱形铁芯是固定不动的，它与极掌之间有均匀的气隙，气隙中形成均匀的辐射形的磁场。

可动部分是由绕在铝框上的可动线圈（简称动圈）4、两个游丝8和指针7等组成。

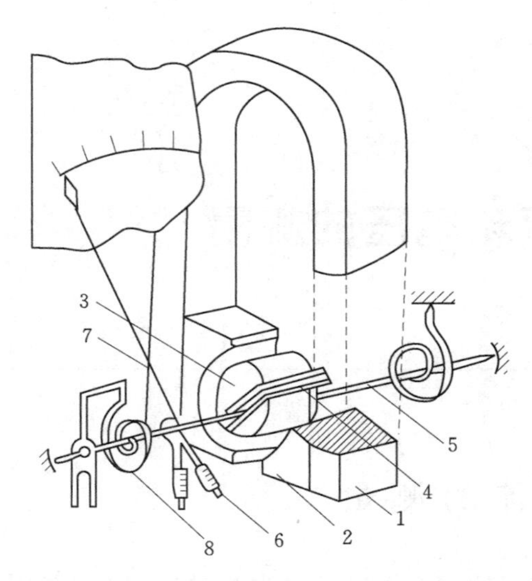

图 1-2-1 磁电系测量机构的结构示意图

1—永久磁铁；2—极掌；3—铁芯；4—动圈；5—转轴；6—平衡锤；7—指针；8—游丝

铝框和指针都固定在转轴上，转轴由上、下两个半轴构成。两个游丝的旋转方向相反，它们的一端也固定在转轴上，并分别与线圈的两个端头相连。下游丝的另一端固定在支架上，上游丝的另一端与调零器相连。所以游丝不但用来产生反作用力矩，并且用来作为将电流导入动圈的引线。在转轴上还装有平衡锤，用以平衡指针的重量。整个可动部分通过轴尖支承于宝石轴承中。

2.2.2 作用原理

磁电系仪表是利用可动线圈中的电流与气隙中磁场相互作用，产生电磁力而使可动部分转动的原理制成的。当线圈中通入电流时，仪表的可动部分要受以下几个力矩的作用。

1. 转动力矩

当线圈中有电流流过时，电流的方向如图 1-2-2 所示，载流导体在磁场中受到力的作用，线圈的两个边所受力的方向由左手定则可以确定为图 1-2-2 所示的方向，每边所受力的大小为

$$F=NBIl$$

式中 N——匝数；

l——一边的长度。

动圈所受的转动力矩为

$$M=2F\frac{b}{2}=NBIlb=NBAI=KI$$

式中 b——动圈宽度；

A——动圈的面积，$A=lb$；

K——与气隙中磁感应强度、线圈尺寸及匝数有关的常数。

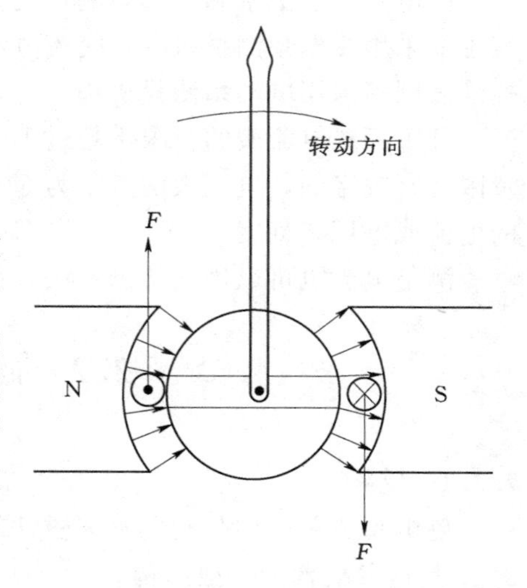

图 1-2-2 磁电系测量机构产生转动力矩的原理

由于气隙磁场强度是呈均匀辐射状的，不管线圈转到什么位置，磁感应强度 B 均不变；对已制成的仪表，线圈面积 S、线圈匝数 N 都是一定的，所以转动力矩的大小与被测电流成正比，其方向决定于电流流进线圈的方向。

2. 反作用力矩

在转矩的作用下，可动部分发生偏转（图 1-2-2 中动圈朝顺时针方向旋转），引起游丝扭转而产生反作用力矩 M_α，此力矩与扭紧的程度成正比（好比上紧钟表发条），也即与动圈的偏转角成正比，故有

$$M_\alpha = D\alpha$$

式中　α——动圈的偏转角；

　　D——游丝的弹性系数。

当转矩与反作用力矩平衡时，指针将停留在某一位置，此时有

$$M = M_\alpha$$

即

$$NBAI = D\alpha$$

所以

$$\alpha = \frac{NBA}{D}I = SI$$

式中，$S=\frac{NBA}{D}$是磁电系测量机构的灵敏度，它是一个常数。所以磁电系测量机构的指针偏转角 α 与通过动圈的电流 I 成正比。因此，标尺的刻度是均匀的（即线性标尺），这是很有用的特性。

3. 阻尼力矩

磁电系测量机构用铝框产生阻尼力矩。当可动部分在平衡位置左右摆动时，铝框因切割磁力线而产生感应电流 I_e，此电流受磁场的作用而产生作用力 F，如图 1－2－3 所示，其方向总是与铝框摆动的方向相反，从而阻止可动部分来回摆动，使之很快地静止下来。对于高灵敏度的仪表，为减轻可动部分的重量，通常不用铝框，而是在可动线圈中加绕几匝短路线圈作阻尼用。

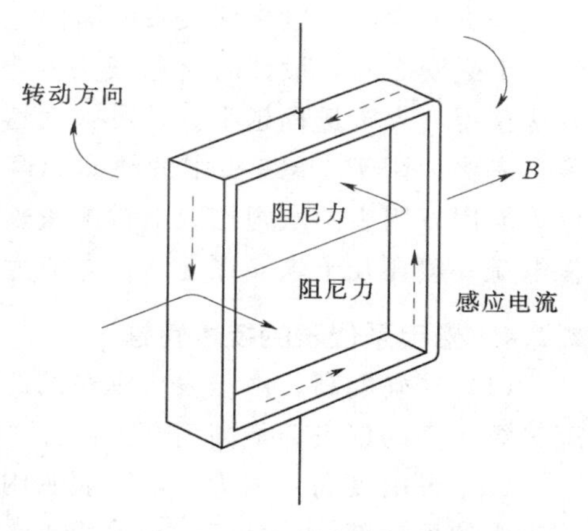

图 1－2－3　铝框的阻尼作用

当铝框静止时，由于不再切割磁力线，铝框里没有感应电流，故不产生阻尼力矩。由此可见，阻尼器有以下特点：

（1）阻尼力矩在仪表可动部分摆动时产生，其方向始终与摆动方向相反，从而对可动部分的摆动起制动作用。

（2）可动部分静止不动时，阻尼作用也随之消失，因而阻尼器对测量结果没有影响。

对于灵敏度较高的磁电系仪表，如检流计，为防止在运输或搬动时引起可动部分摆动，可将仪表的两个端钮用导线连接起来，使动圈回路短路以产生阻尼作用，从而达到保护仪表的作用。

磁电系测量机构（俗称表头）动圈的导线很细，且电流又要经过游丝导入，所以磁电系测量机构的额定电流（满偏电流）I_0 很小，一般只有几十到几千微安，所以不能直接用来测量较大的电流，而只能用作检流计、微安表和毫安表。

磁电系测量机构只能用于测量直流电，电流必须从“＋”端钮进入，否则指针要反偏。如果磁电系测量机构通入交流电时，产生的转矩也随时间交变，由于可动部分的惯性较大，它将不能跟上转矩的迅速变化而静止不动。当其通入平均值为零的交流电流时，指针将指在零位，由于这时动圈中仍有电流流过，而又无法察知其大小，当电流过大时，会损坏动圈。所以，磁电系仪表只能用于直流的测量。如果配上整流器，则可用于交流的

测量。

随着优质硬磁材料的出现，磁电系测量机构广泛采用内磁式结构，如图1-2-4所示。它与外磁式机构的主要区别是，其永久磁铁做成圆柱形，并放置在动圈之内。这样，磁场存在于永久磁铁和软磁材料制成的导磁环之间，具有磁屏蔽好、漏磁少、结构紧凑、尺寸小和成本低等优点。所以，它与外磁式［图1-2-4（b)］结构相比，是一种比较先进的结构。

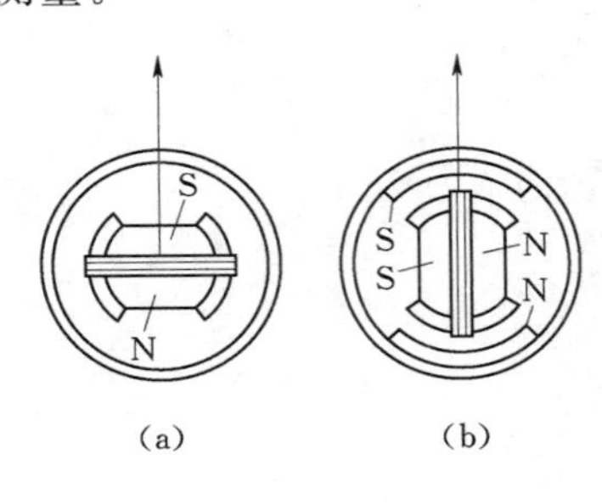

图1-2-4　内磁式和外磁式的磁路
(a) 内磁式；(b) 外磁式

2.2.3　磁电系仪表的表头参数

由于磁电系表头常用来制成电流表和电压表，因此必须知道表头的灵敏度和表头内阻。

表头灵敏度一般指该表头的满偏电流，即表头的量程 I_g。它的范围一般在几十微安到几十毫安之间，设计时流过表头的电流不得超过 I_g，否则会损坏表头，其值可由实验方法获得。表头量程越小，其灵敏度越高，即较小的电流可引起指针发生较大的偏转。

表头内阻 R_g 指表头中的线圈和两个游丝的直流电阻，其值也可以由实验方法测得，但不能用万用表的欧姆挡或电桥测量表头内阻，因用万用表的欧姆挡和电桥测内阻时的工作电流一般在几十毫安以上，该电流大于表头满偏电流，测量时会损坏表头。

2.2.4　磁电系仪表的技术特性

（1）准确度高。由于表头本身的磁场很强，受外界磁场的影响小。因此可以制成准确度等级较高的仪表，最高为0.1级。

（2）灵敏度高。因为磁电系表头内永久磁铁的磁场很强，线圈内有很小的电流就可以使表头的可动部分偏转。磁电系测量机构的灵敏度可以达到1μA/格。由于灵敏度很高，可以制成内阻很高的电压表，也可以制成量程很小的电流表。

（3）刻度均匀。偏转角与流入线圈的电流成正比，所以仪表的刻度是均匀的。

（4）功耗小。因表头灵敏度高（即 I_g 小），所以仪表内消耗的功率很小。

（5）过载能力小。由于被测电流经过游丝导入可动线圈，电流过大会引起游丝发热使弹性发生变化，产生不允许的误差，甚至可能因过热而烧毁游丝。另外，可动线圈的导线截面小，也不允许流过较大电流。

（6）只能测量直流。这是因为，如果在磁电系测量机构中直接通入交流电流，则所产生的转动力矩也是交变的，可动部分由于惯性作用而来不及转动。

2.3　磁电系电流表

2.3.1　磁电系电流表的构成

为了扩大磁电系测量结构的量限，以测量较大的电流，可用一个电阻与动圈并联，使大部分电流从并联电阻中分走，而动圈只流过其允许的电流。这个并联电阻叫做分流电阻，用 R_s 表示，如图1-2-5所示，图中小圆圈内标一斜箭头表示测量机构，r_0 为其

内阻。

并联分流电阻后，通过测量机构的电流 I' 可由分流公式求得，即

$$I'=\frac{R_s}{r_0+R_s}I$$

可见，通过测量机构的电流与被测电流成正比。因而仪表的标尺可以直接用被测电流来刻度。

被测电流 I 与通过测量机构的电流 I' 之比称为电流量限扩大倍数，用 n 表示，即

$$n=\frac{I}{I'}=\frac{R_s+r_0}{R_s}=1+\frac{r_0}{R_s}$$

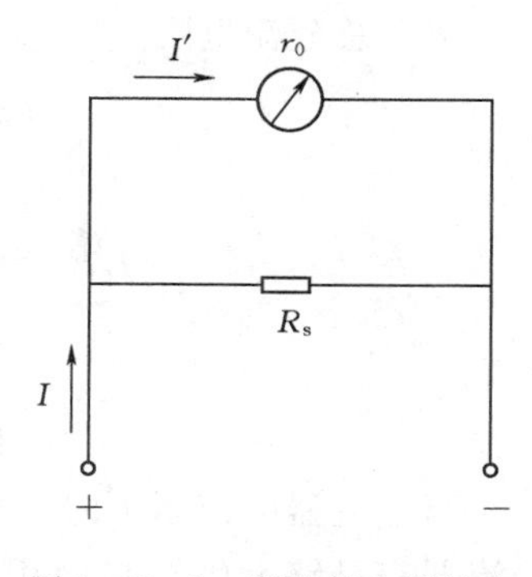

图 1-2-5　用分流电阻扩大电流表量限

如果电流量限扩大倍数 n 为已知，则分流电阻为

$$R_s=\frac{r_0}{n-1}$$

【例 1-2-1】 一磁电系测量机构，其满偏电流 I_0 为 200μA，内阻 r_0 为 300Ω，若将量限扩大为 1A，求分流电阻。

解　先求电流量限扩大倍数为

$$n=\frac{I}{I_0}=\frac{1}{200\times10^{-6}}=5000$$

则分流电阻为

$$R_s=\frac{r_0}{n-1}=\frac{300}{5000-1}=0.06(\Omega)$$

2.3.2　量限的扩大和外附分流器

磁电系电流表可以制成多量限的，图 1-2-6 所示为具有两个量限的电流表电路。图中量限为 I_2 挡的分流电阻为 $R_{s1}+R_{s2}$，I_1 挡的分流电阻为 R_{s1}。R_{s1} 和 R_{s2} 的值可由下述方法确定。因为不论在哪个量限，表头支路电压降与分流支路电压降总是相等的，所以对量限 I_2 和 I_1 可分别列得

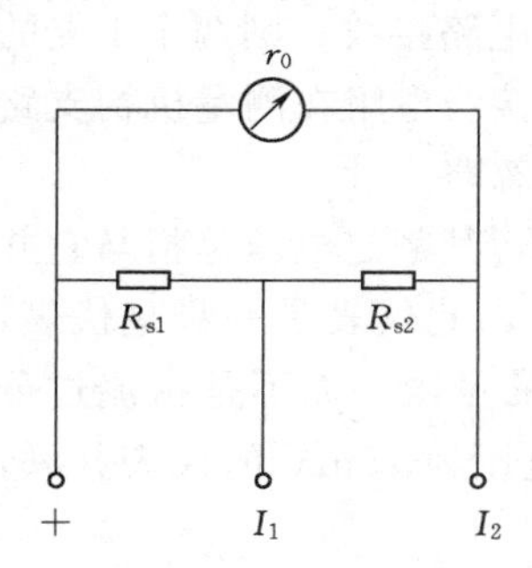

图 1-2-6　两个量限的电流表电路

$$I_0r_0=(I_2-I_0)(R_{s1}+R_{s2})$$
$$I_0(r_0+R_{s2})=(I_1-I_0)R_{s1}$$

移项得

$$I_0(r_0+R_{s1}+R_{s2})=I_2(R_{s1}+R_{s2})$$
$$I_0(r_0+R_{s1}+R_{s2})=I_1R_{s1}$$

故

$$I_1R_{s1}=I_2(R_{s1}+R_{s2})$$

上式表明，各量的电流与其分流电阻的乘积相等。此结论也适用于三量限或四量限电流表。

【例 1-2-2】 图 1-2-6 所示为双量限电流表，已知表头满偏电流 I_0 为 0.6mA，内阻 r_0 为 280Ω，量限 $I_1=10$mA，$I_2=1$mA。求分流电阻 R_{s1}

和 R_{s2}。

解　总分流电阻

$$R_{s1}+R_{s2}=\frac{r_0}{n-1}=\frac{280}{\frac{1}{0.6}-1}=420(\Omega)$$

$$I_1R_{s1}=I_2(R_{s1}+R_{s2})=1\times10^{-3}\times420=0.42(\mathrm{V})$$

$$R_{s1}=\frac{0.42}{I_1}=\frac{0.42}{10\times10^{-3}}=42(\Omega)$$

$$R_{s2}=420-R_{s1}=420-42=378(\Omega)$$

当分流器电流增大时，分流器发热也增大，为防止因过热而改变分流器的阻值，应使分流器有足够大的散热面积，因而大电流（50A 以上）分流器的尺寸较大，通常做成一个单独的装置，称为外附分流器，如图 1－2－7（a）所示。

外附分流器有 4 个接线端钮（即两对端钮），与仪表并联的，细的端钮［图 1－2－7（a）中 2］电位端钮；与电路串联的，粗的端钮［图 1－2－7（b）中 1］叫做电流端钮。

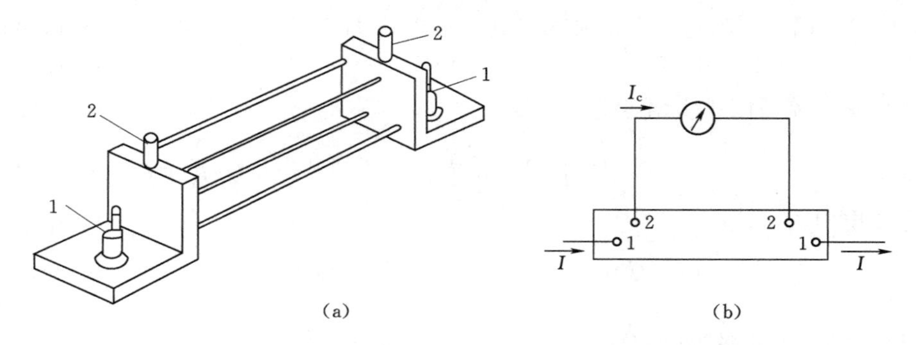

图 1－2－7　外附分流器及其接线
（a）外附分流器；（b）分流器的接线
1—电流端钮；2—电位端钮

由于外附分流器的电阻很小，如果它与仪表连接处的接触电阻和接线电阻都包括在分流支路中，就会产生较大的测量误差。若按图 1－2－7（b）所示电路接线，则两个 1 点的接触电阻在被测电路中对分流没有影响，两个 2 点的接触电阻和接线电阻在测量机构支路中，由于测量机构的内阻较大，故接触电阻和接线电阻的影响可忽略不计。

外附分流器通常不标出电阻值，只给出额定电压和额定电流，其额定电压是指与它并联仪表的额定电压，即为仪表的满偏电流与内阻的乘积。实际上，此仪表是一只毫伏表，其规格有 75mV 和 45mV 等。额定电流是指并联分流器后扩大的量限，而不是指流过分流器的电流。例如，规格为 75mV、100A 的分流器，应和额定电压为 75mV 的仪表并联，并联后仪表量限扩大为 100A。

2.3.3　磁电系电流表的温度补偿装置

当用分流器来扩大磁电系测量机构的量限时，由于动圈是用铜线绕制的，而分流电阻是用锰铜制作的，两种材料的温度系数相差很多倍。因而当温度变化时，动圈电阻的变化较大，而分流电阻的变化较小，这将改变分流比，造成误差。为了减少这种误差，可采用

各种温度补偿电路，图 1－2－8 所示为最简单的串联温度补偿电路。图中与动圈串联的温度补偿电阻 R_t 是用锰铜制成的，其电阻值较测量机构的内阻大得多。串联 R_t 后，两条支路的电阻温度系数很接近，温度变化时可使电流分配近乎不变。

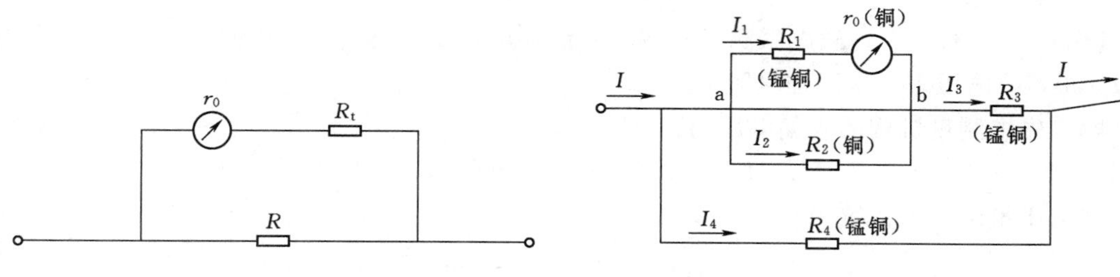

图 1－2－8　串联温度补偿电路　　　　图 1－2－9　串并联温度补偿电路

串联温度补偿电阻越大，温度补偿效果就越好，但阻值大了，流过动圈的电流就小，影响了灵敏度，这就限制了这种线路的应用。目前，这种线路多用于开关板式仪表中。高精度的仪表中多采用串并联温度补偿电路，如图 1－2－9 所示。

当被测电路 I 流过仪表电路时，被两次分流，第一次被 R_4 分走 I_4，第二次被 R_2 分走 I_2，进入测量机构的电流为

$$I_1 = I - I_4(\uparrow) - I_2(\downarrow)$$

当温度上升时，由于 R_4 保持不变，而 ab 段总电阻增大，故 I_4 将增加（↑），再来看 ab 段内部电流分配的变化，当温度上升时，R_2 增大，故其中电流 I_2 将减小（↓）。适当选择各电阻，可以使 I_4 的增加被 I_2 的减少所补偿。

2.4　磁电系电压表

磁电系测量机构的两端接于被测电压 U 时，测量机构中的电流为 $I=\frac{U}{r_0}$，它与被测电压成正比，所以测量机构的偏转可以用来指示电压。但测量机构的允许电流很小，因而直接作为电压表来使用只能测量很小的电压，一般只有几十毫伏。为了测量较高的电压，通常用一个大电阻与测量机构串联，以分走大部分电压，而使测量机构只承受很少一部分电压。这个大电阻叫做附加电阻或分压电阻，用 R_d 表示，如图 1－2－10 所示。

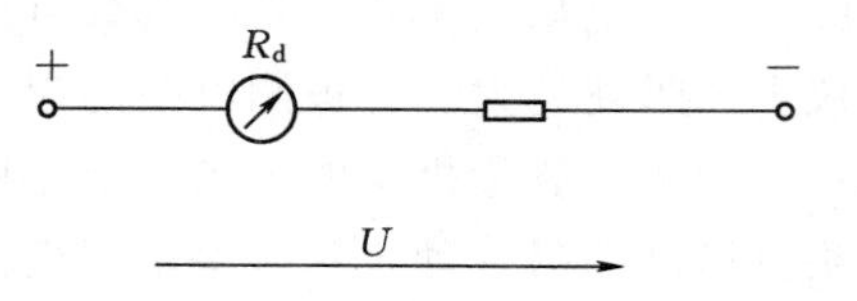

图 1－2－10　磁电系电压表

串联附加电阻后，测量机构的电流 I 为

$$I=\frac{U}{r_0+R_d}$$

它与被测电压 U 成正比，所以指针的偏转可以反映被测电压的大小，若使标尺按扩大量限后的电压刻度，便可直接读取被测电压值。

电压表的量限扩大为 U，它与测量机构的满偏电压 U_0 之比称为电压量限扩大倍数，用 m 表示，即

$$m=\frac{U}{U_0}=\frac{r_0+R_d}{r_0}$$

若 m 已给定，则可求出附加电阻 R_d 为

$$R_d=(m-1)r_0$$

【例 1-2-3】 有一磁电系测量机构，其满偏电流 $I_0=200\mu A$，内阻 $r_0=500\Omega$。今要制成 100V 的电压表，求附加电阻。

解　先求测量机构的满偏电压为

$$U_0=I_0r_0=200\times10^{-6}\times500=0.1(V)$$

则电压量限扩大倍数为

$$m=\frac{U}{U_0}=\frac{100}{0.1}=1000$$

故 $$R_d=(m-1)r_0=(1000-1)\times500=499.5(k\Omega)$$

电压表也可制成多量限的，只要串联几个附加电阻即可。图 1-2-11 所示为三量限电压表电路。

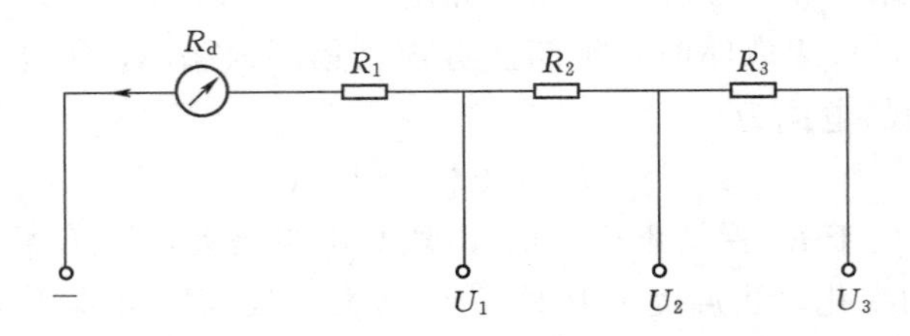

图 1-2-11　三量限电压表电路

电压表测量机构的内阻与附加电阻加在一起，构成电压表的内阻。电压表各量限的内阻与相应量限的比例为一常数，称为内阻常数，通常表明在电压表的表面上，其单位为 Ω/V。磁电系电压表的内阻常数可达几千 Ω/V 以上，相同量限的电压表，内阻常数越大，仪表内阻就越大，对被测电路的影响就越小，所以内阻常数是电压表的重要参数。

通常，测量机构的灵敏度都是用满偏电流来表示的，如某表头的灵敏度为 $50\mu A$，表头灵敏度的另一种表示方法是用满偏电流的倒数来表示，如表头的灵敏度为 $50\mu A$，也可以表示为 20.000Ω/V。虽然其单位与内阻常数相同，但与内阻常数毫无关系。

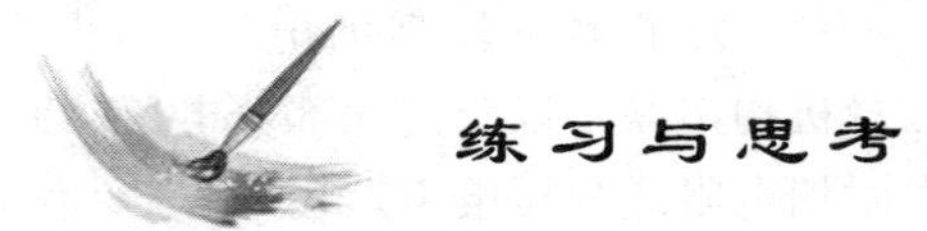

练习与思考

(1) 为什么磁电系仪表表尺的刻度是均匀的？

(2) 磁电系测量机构为什么不能用于交流量的测量？

(3) 检流计在用完或搬动时，为什么必须将制动器锁上或用导线将两个接线端钮连接起来？

(4) 为什么检流计能检测微小电流？其结构有何特点？

(5) 磁电系测量机构指针的偏转角与（　　）成正比。

A. 通过动圈的电流 I　B. 通过动圈的电流的平方 I^2

（6）磁电系测量机构配上半波整流器用来测量正弦交流时，指针的偏转角反映的是正弦电流的（　　）。

A. 最大值　B. 有效值　C. 平均值

（7）当磁电系测量机构的指针停留在某一刻度时，不存在（　　）。

A. 转动力矩　B. 反作用力矩　C. 阻尼力矩

（8）在磁电系测量机构中，与指针摆动大小有关的是（　　）。

A. 转动力矩　B. 反作用力矩　C. 阻尼力矩

（9）磁电系测量机构的铝框断裂时，不存在（　　）。

A. 转动力矩　B. 反作用力矩　C. 阻尼力矩

（10）磁电系指示仪表中的游丝或张丝的作用是产生（　　）。

A. 转动力矩　B. 反作用力矩　C. 阻尼力矩

（11）有一只磁电系表头，其满刻度电流为 1mA，内阻为 45Ω，若将其做成量限为 100mA 的直流毫安表，求分流电阻。

（12）将题（7）表头做成量限为 100mA 和 200mA 的双量限毫安表，试画出仪表电路，并求分流电阻。

（13）电流表应与负载串联，电压表应与负载并联，如图 1-2-12（a）所示。如果两者接反，如图 1-2-12（b）所示，试问有什么后果？电压表和电流表各指示什么值？

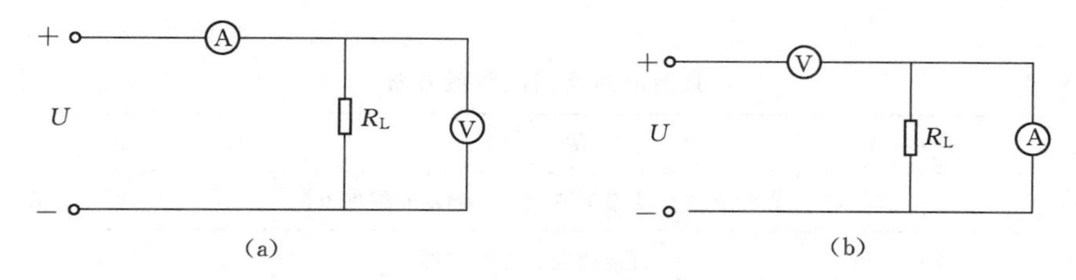

图 1-2-12　练习与思考（9）图

（a）正确接法；（b）错误接法

（14）有一磁电系表头，内阻为 150Ω，额定内阻压降为 45mV，欲改为量限为 15V 的电压表，求附加电阻值。

（15）一磁电系电压表的内阻为 3000Ω，量限为 3V，今要将量限扩大为 300V，求附加电阻值。

第3章 电阻的测量和万用表

3.1 电阻测量的概述

各种电气设备的导电部分都有电阻，称为导体电阻；绝缘部分也有电阻，称为绝缘电阻。绝缘电阻的数值远比导体电阻大。根据电阻值的大小，电阻通常分为3类：低值电阻（1Ω以下）、中值电阻（1Ω～0.1MΩ）和高值电阻（0.1MΩ以上）。对于不同大小的电阻，其测定方法和使用的仪器也不相同。表1-3-1给出了直流电阻的各种常用的测量方法。

表1-3-1 直流电阻常用的测量方法

测量方法	应用范围	优　点	缺　点
伏安法	低、中值电阻	在给定工作状态下测量、可测量非线性电阻	需要计算
万用表法	中值电阻	直接读数，操作方便	误差大
兆欧表法	高值电阻	直接读数，操作方便	误差大
直流单桥法	中值电阻	直接读数，准确度高	操作麻烦
直流双桥法	低值电阻	直接读数，准确度高	操作麻烦

3.2 电阻的伏安法测量

用电压表和电流表测量被测电阻 R_x 两端的电压 U_x 和流过的电流 I_x，便可由公式计算出电阻值，即

$$R_x=\frac{U_x}{I_x}$$

这种测量电阻的方法称为伏安法，它属于间接测量法。

伏安法的接线有两种，图1-3-1（a）所示为电压表前接的电路，图1-3-1（b）所示为电压表后接的电路。在电压表前接的电路中，电流表的读数 I 等于 I_x，但电压表的读数 U 不等于 U_x，因为它还包括电流表的压降 $I_x r_A$，即

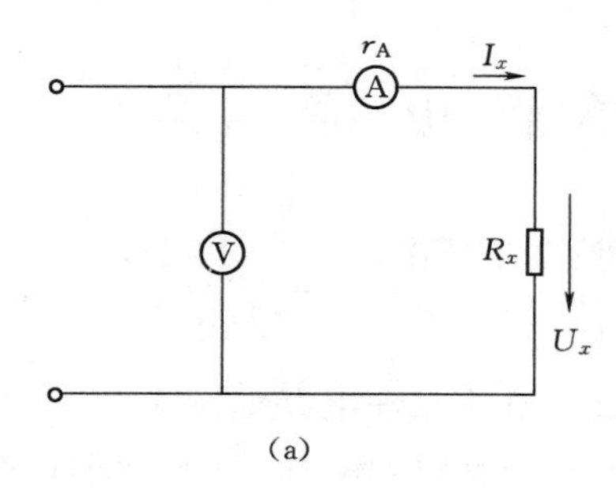

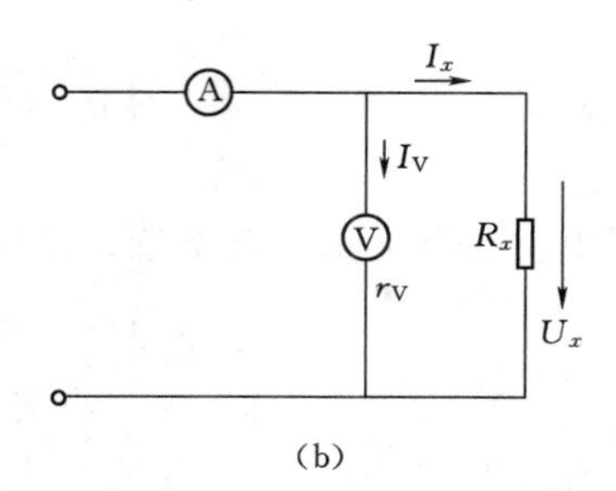

图 1-3-1　伏安法测电阻

(a) 电压表前接；(b) 电压表后接

$$U=U_x+I_x r_A$$

计算所得电阻为

$$R'_x=\frac{U}{I}=\frac{U_x+I_x r_A}{I_x}=R_x+r_A$$

R'_x中多包括了电流表的内阻r_A，这是测量方法引起的误差，用相对误差表示为

$$y=\frac{R'_x-R_x}{R_x}\times 100\%=\frac{r_A}{R_x}\times 100\%$$

在电压表后接的电路中，电压表的读数为U_x，但电流表的读数I不等于I_x，因为它还包括了电压表的电流I_V，即

$$I=I_x+I_V$$

计算所得电阻

$$R''_x=\frac{U}{I}=\frac{U_x}{I_x+I_V}=\frac{1}{\frac{I_x}{U_x}+\frac{I_V}{U_x}}=\frac{1}{\frac{1}{R_x}+\frac{1}{r_V}}=\frac{R_x r_V}{R_x+r_V}$$

它等于被测电阻R_x和电压表内阻r_V并联的等效电阻。由此引起的方法误差，用相对误差表示为

$$y=\frac{R''_x-R_x}{R_x}\times 100\%=\frac{-R_x}{R_x+r_V}\times 100\%$$

可见，电压表前接时，电阻的被测值偏大。$\frac{r_A}{R_x}$值越大，误差就越大。所以，这种接法适用于$R_x \gg r_A$的情形，即测量较大电阻的情形。电压表后接时，测量值偏小，$\frac{R_x}{R_x+r_V}$值越大，误差就越大。只有在$R_x \ll r_V$时，$R''_x \approx R_x$。所以这种接法适用于测量较小电阻的情形。当r_A和r_V都已知时，两种接法都可以通过计算来消除方法误差。

伏安法的优点在于被测电阻能在工作状态下进行测量，这对非线性电阻的测量有实际意义。另一个优点是适用于对大容量变压器一类具有大电感的线圈电阻的测量。

3.3　直流单臂电桥

直流单臂电桥又称为惠斯登电桥，适用于测量中值电阻（$1\sim10^6\,\Omega$）。

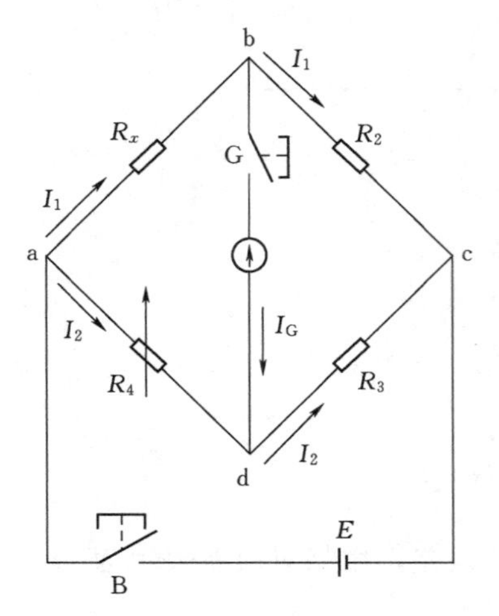

图 1-3-2　直流单臂电桥原理

3.3.1　工作原理

直流单臂电桥的原理电路如图 1-3-2 所示。图中连成四边形的 4 条支路 ab、bc、cd、da 称为电桥的 4 个臂，其中 ab 接有被测电阻 R_x，其余 3 个臂为标准电阻或可变的标准电阻。在四边形的两个顶点 a、c 之间连接直流电源 E 和按钮 B，在另两个顶点 bd 之间连接指零仪表（检流计）。

当接通按钮开关 B 后，调节桥臂电阻 R_2、R_3 和 R_4，使检流计指零（即 $I_G=0$），称为电桥平衡。平衡时，有

$$I_1R_x=I_2R_4$$

$$I_1R_2=I_2R_3$$

可得

$$\frac{R_x}{R_2}=\frac{R_4}{R_3}$$

或

$$R_xR_3=R_2R_4$$

则

$$R_x=\frac{R_2}{R_3}R_4$$

上两式是电桥平衡的条件，电桥平衡与所加电压无关，而仅决定于 4 个电阻的相互关系，即相邻桥臂必须成比例，或相对桥臂电阻的乘积必须相等。

制造时，使$\frac{R_2}{R_3}$的值为可调十进倍数的比率，如 0.1、1、10、100 等。这样，R_x 便为已知量 R_4 的十进倍数，便于读取被测值。电阻 R_2、R_3 称为电桥的比例臂，电阻 R_4 称为比较臂。

直流单臂电桥的准确度可以制造得很高，这是因为标准电阻 R_2、R_3 和 R_4 的准确度可达 10^{-3}以上，且检流计的灵敏度很高，可以保证电桥处于精确的平衡状态。比较臂 R_4 的读数位数即测量有效数字的位数与电桥的精度相适应，一般地说，若精度为 10^{-n}，则 R_4 读数应为 $n+1$ 位。

电桥的平衡条件虽不受电源电压的影响，但为了保证电桥足够灵敏，电源电压应保证有足够的数值。

3.3.2　QJ23 型直流单臂电桥

1. 结构

各种直流单臂电桥的原理电路都相同。图 1-3-3 是精确度等级为 0.2 级的国产 QJ23 型直流单臂电桥的原理电路和面板。比例臂$\frac{R_2}{R_3}$由 8 个电阻组成，分成 10^{-3}、10^{-2}、10^{-1}、1、10、10^2 和 10^3 等 7 挡，由转换开关转接，比例臂$\frac{R_2}{R_3}$的值（称为倍率）示于面板

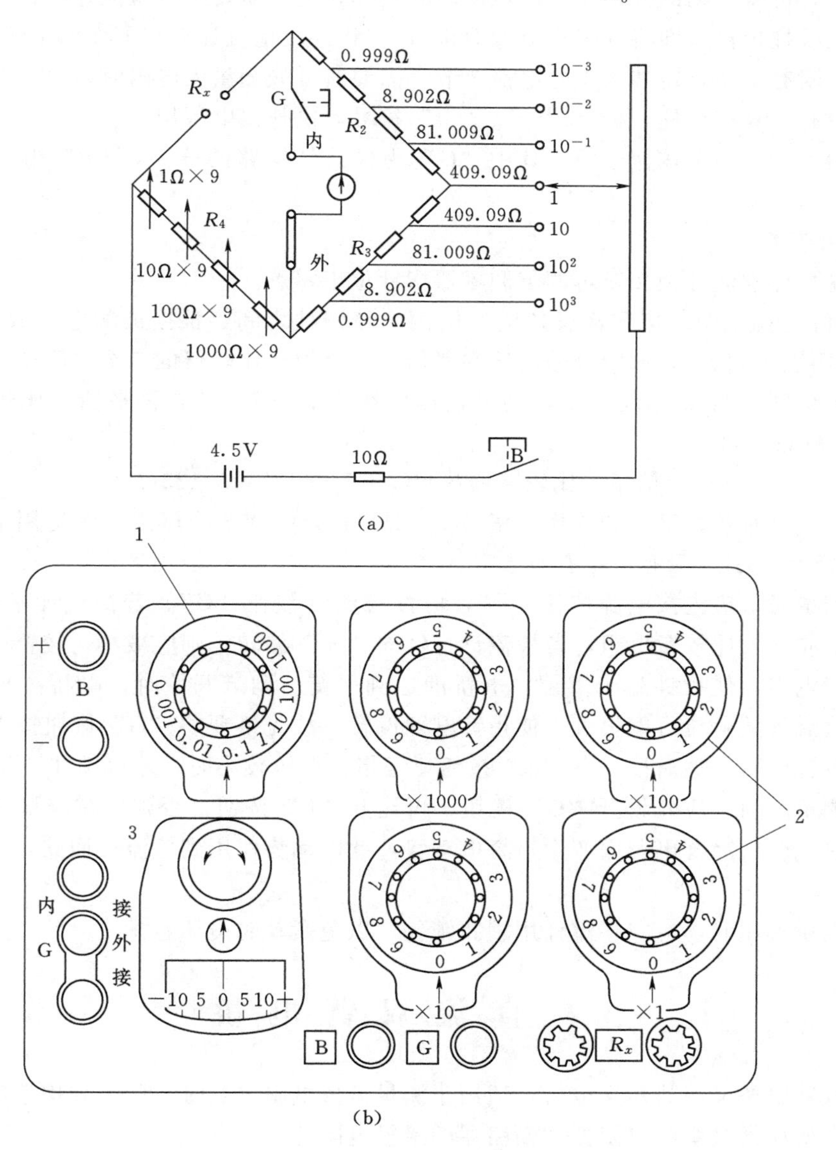

图 1-3-3　QJ23 型直流单臂电桥
(a) 原理电路；(b) 面板
1—倍率旋钮；2—比较臂读数；3—检流计

左上方的读数盘上。比较臂 R_4 用 4 个可调电阻箱串联组成，这 4 个电阻箱分别由 9 个 1Ω、9 个 10Ω、9 个 100Ω 和 9 个 1000Ω 电阻组成，可得到 0～9999Ω 范围内变动的电阻值。比较臂 R_4 的值由面板上 4 个形状相同的读数盘所示的电阻值相加而得。

面板的右下方有一对接线柱，标有“R_x”，用以连接被测电阻，作为一个桥臂。

电桥内附有检流计，检流计支路上装有按钮开关 G，也可外接检流计。在面板左下方有 3 个接线柱，使用内接检流计时，用接线柱上的金属片将下面两个接线柱短接。检流计上装有锁扣，可将可动部分锁住，以免搬动时损坏悬丝。需要外接检流计时，用金属片将上面两个接线柱短接（即将内附检流计短接），并将外接检流计接在下面两个接线柱上。

电桥内附有电源，需装入 1 号电池 3 节。需要时（如测量大电阻时），也可外接电源，面板左上方有一对接线柱，标有“＋”、“－”符号，供外接电源用。

面板中下方有两个按钮开关，其中“G”为检流计支路的开关，“B”为电源支路的开关。

2. 使用步骤

（1）先打开检流计锁扣，再调节调零器指针位于零点。

（2）将被测电阻 R_x 接到标有“R_x”的两个接线柱之间，根据被测电阻 R_x 的近似值（可先用万用表来测量），选择合适的比率臂倍率，以便让比较臂的 4 个电阻全部用上，以提高读数的精度。例如，$R_x \approx 5\Omega$，则可选择倍率为 0.001，若电桥平衡时比较臂读数为 5123Ω，则被测电阻为

$$R_x = \text{倍率} \times \text{比较臂读数} = 0.001 \times 5123 = 5.123(\Omega)$$

可读得 4 位有效数字。如选择倍率为 1，则比较臂的前 3 个电阻都无法用上，只能测得 $R_x = 1 \times 5 = 5(\Omega)$，只有一位有效数字。

（3）测量时，应先按电源按钮“B”，再按检流计按钮“G”。若检流计指针向“＋”偏转，表示应加大比较臂电阻，若检流计指针向“－”偏转，则应减小比较臂电阻。反复调节比较臂电阻，使指针趋于零位，电桥即达到平衡。调节开始时，电桥离平衡状态较远，流过检流计的电流可能很大，使指针剧烈偏转，故先不要将“G”按钮按下，只能调节一次比较臂电阻，然后按一下“G”按钮，至指针偏转较小时，才可锁住“G”按钮。

（4）测量结束，应先松开“G”按钮，再送开“B”按钮；否则，在测量具有较大电感的电阻时，会因断开电源而产生自感电动势，此电动势作用到检流计回路，会使检流计损坏。

（5）电桥不用时，应将检流计用锁扣锁住，以免搬动时震坏悬丝。

3.4 直流双臂电桥

直流双臂电桥又称凯尔文电桥，适用于测量低值电阻（1Ω 以下），如用于测定分流电阻和电机、变压器绕组的电阻值和断路器的接触电阻等。

测量低值电阻若使用单臂电桥，会因接线电阻和接触电阻（一般为 $10^{-3} \sim 10^{-4}\Omega$ 的数量级）的影响，给测量结果带来不允许的误差。直流双臂电桥正是为消除这种影响而设计的。

3.4.1　工作原理

直流双臂电桥原理电路如图 1-3-4 所示。R_x 是被测电阻，R_n 是比较用的可调标准电阻。R_x 和 R_n 各有两对端钮（4 个接头），一对是电流端钮 C_1 和 C_2、C_{n1} 和 C_{n2}，另一对是电位端钮 P_1 和 P_2、P_{n1} 和 P_{n2}。被测电阻 R_x 只包含在电位端钮 P_1 和 P_2 之间。R_x 与 R_n 的电流端钮 C_2 和 C_{n2} 之间有一根电阻为 r 的粗导线，它把 R_x、R_n 和电源连成一个闭合回路，R_x 和 R_n 的电位端钮分别和 4 个桥臂电阻 R_1、R_1'、R_2 和 R_2' 相接，这些桥臂电阻都是大于 10Ω 的可调标准电阻，它们通过机械联动装置来调节，始终保持

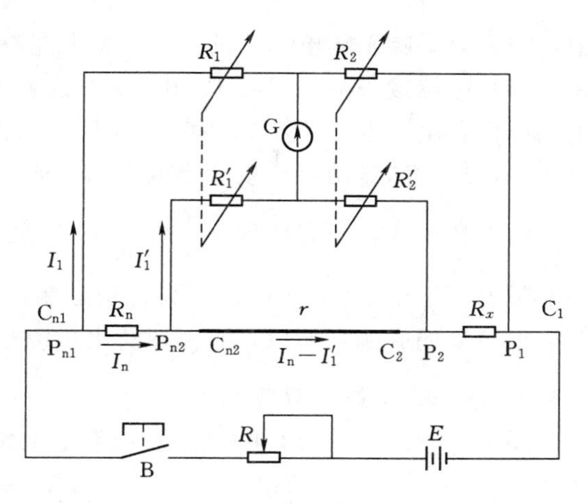

图 1-3-4　直流双臂电桥原理电路

$$\frac{R_1'}{R_1}=\frac{R_2'}{R_2}$$

电桥平衡时，检流计电流为零，因此 R_1 和 R_2 中的电流同为 I_1，R_1'和 R_2'中的电流同为 I_1'，根据 KVL 可写出

$$I_1R_1=I_nR_n+I_1'R_1'$$

$$I_1R_2=I_nR_x+I_1'R_2'$$

$$(I_n-I_1')r=I_1'(R_1'+R_2')$$

解上列方程组，可得平衡方程为

$$R_x=\frac{R_2}{R_1}R_n+\frac{rR_2}{r+R_1'+R_2'}\left(\frac{R_1'}{R_1}-\frac{R_2'}{R_2}\right)$$

上面说过，调节时始终保持$\frac{R_1'}{R_1}=\frac{R_2'}{R_2}$，因此，上式右边第二项等于零，故

$$R_x=\frac{R_2}{R_1}R_n$$

可见，被测电阻 R_x 仅决定于桥臂电阻 R_2 和 R_1 的比值及标准电阻 R_n，而与导线电阻 r 无关。比值$\frac{R_2}{R_1}$称为直流双臂电桥的倍率。所以，电桥平衡时，有

被测电阻＝倍率读数×标准电阻读数

连接 C_{n2} 和 C_2 的导线应选用导电性能良好且短而粗的导体，以便使其电阻 r 尽量小。这样，即使$\frac{R_1'}{R_1}-\frac{R_2'}{R_2}\neq 0$，它与 r 的乘积也很小，从而平衡方程的第二项仍可不予计及。

3.4.2　消除接线电阻和接触电阻的原因

（1）被测电阻 R_x 和标准电阻 R_n 之间的接线电阻以及接头 C_2 和 C_{n2} 的接触电阻与粗导线电阻 r 相串联，故可见为 r 的一部分。而从平衡方程式可知，只要保持$\frac{R_1'}{R_1}=\frac{R_2'}{R_2}$，不论 r 为多大，右边第二项总为零，因而被测电阻 R_x 的值不受这部分接线电阻和接触电阻的影响。

（2）R_x 和 R_n 的另两端的接线电阻，以及接头 C_1 和 C_{n1} 的接触电阻都包括在电源电路中，它们只影响工作电流 I 的大小，对测量结果不产生影响。

（3）电位接头 P_1、P_2、P_{n1} 和 P_{n2} 的接触电阻以及接线电阻都包含在相应的桥臂支路中，而桥臂电阻 R_2、R_2'、R_1 和 R_1' 均大于 10Ω，相比之下，这部分接触电阻和接线电阻显得很小，故对测量结果产生的影响可以忽略不计。

由上述可知，只要能保证 $\frac{R_1'}{R_1}=\frac{R_2'}{R_2}$ 以及 R_1、R_1'、R_2 和 R_2' 均大于 10Ω，r 又很小，且被测电阻 R_x 按电流接头和电位接头正确连接，就可较好地消除或减少接线电阻和接触电阻对测量结果的影响，所以，直流双臂电桥测量小电阻可以得到精确的结果。

3.4.3　QJ103 型直流双臂电桥

图 1-3-5 所示为 QJ103 型直线双臂电桥的原理电路和面板示意图，其桥臂电阻 R_1、

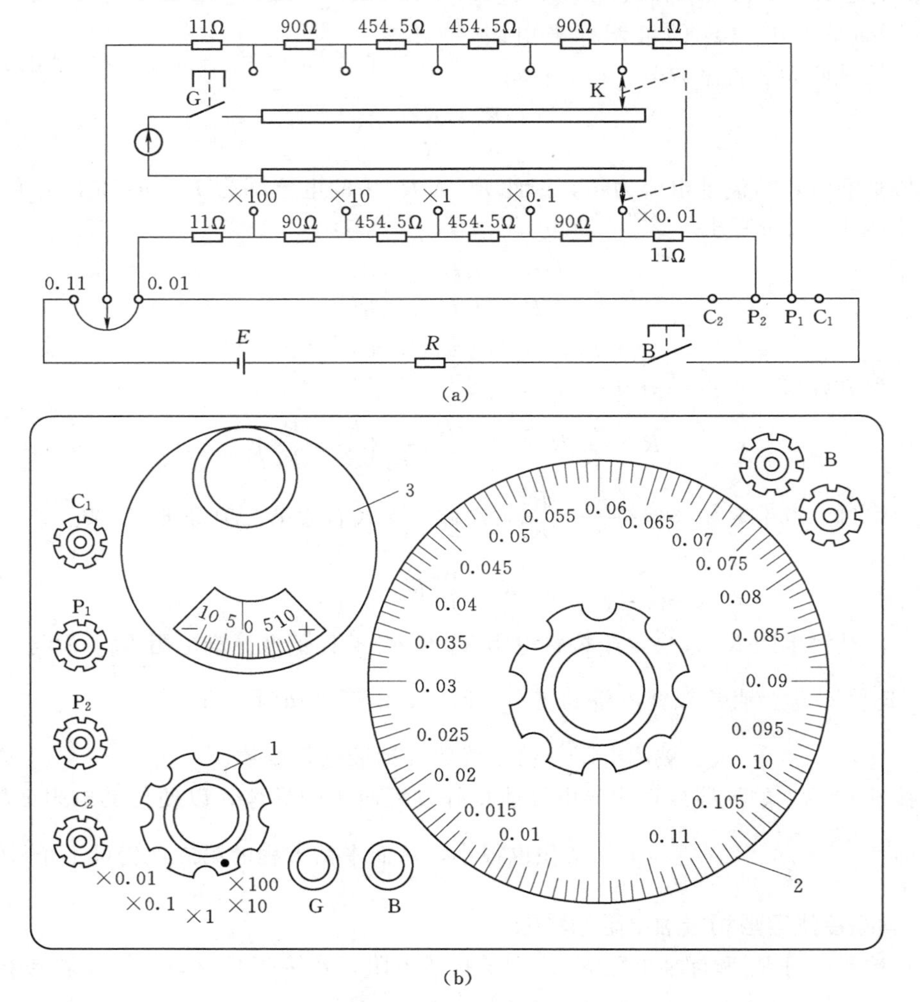

图 1-3-5　QJ103 型直流双臂电桥

（a）原理电路；（b）面板

1—倍率旋钮；2—标准电阻读数盘；3—检流计

R_1'、R_2 和 R_2'构成固定的比率形式，且 $R_1=R_1'$，$R_2=R_2'$。$\frac{R_2}{R_1}$的比值分别为100、10、1、0.1和0.01等5挡，由面板左下方的倍率旋钮换接。标准电阻 R_n 为一滑线电阻，可在0.01～0.11之间变动，由面板右方的刻度盘调节并指示读数。接线柱 C_1、C_2 及 P_1、P_2 是连接被测电阻 R_x 的电流端钮和电位端钮。面板右上角还有外接电源的接线柱。

测量时，调节倍率旋钮和标准电阻 R_n，使检流计指示为零，此时电桥平衡，被测电阻为

$$R_x=\text{倍率读数}\times\text{标准电阻读数}$$

QJ103型直流双臂电桥的测量范围为0.0001～11Ω，基本量限为0.001～11Ω，在基本量限内，其测量误差为±2%，故读数的有效位数也为4位。

3.4.4 使用双臂电桥注意事项

直流双臂电桥的使用方法和注意事项和单臂电桥基本相同，但还要注意以下几点：

(1) 被测电阻的电流端钮和电位端钮应和双臂电桥的对应端钮正确连接。当被测电阻没有专门的电位端钮和电流端钮时，也要设法引出4根线和双臂电桥相连接，并用靠近被测电阻的一对导线接到电桥的电位端钮上，如图1-3-6所示，连接导线应尽量用短线和粗线，接头要接牢。

(2) 由于双臂电桥的工作电流较大，所以测量要迅速，以避免电池的无谓消耗。

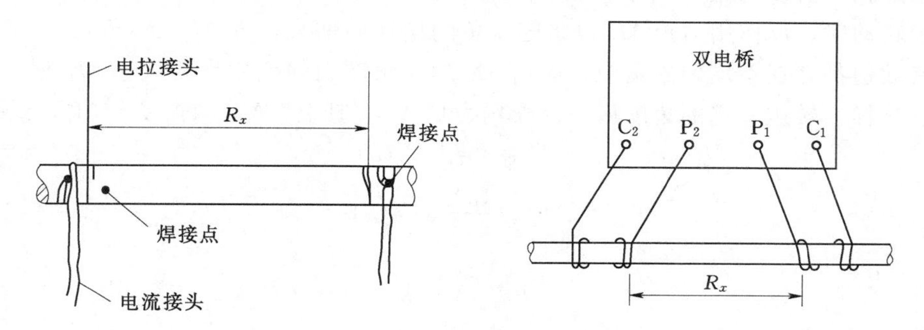

图1-3-6 双臂电桥测导线电阻的实际接线

3.5 兆 欧 表

兆欧表又称摇表，这种仪表主要用来测量绝缘电阻，以判定电机、电气设备和线路的绝缘是否良好，这关系到这些设备能否安全运行。由于绝缘材料常因发热、受潮、污染、老化等原因使其电阻值降低，泄漏电流增大，甚至绝缘损坏，从而造成漏电和短路等事故，因此，必须对设备的绝缘电阻进行定期检查。各种设备的绝缘电阻都有具体要求。一般来说，绝缘电阻越大，绝缘性能越好。

兆欧表由两个主要部分组成，即磁电式比率表和手摇发电机。手摇直流发电机能产生500V、1000V、2500V或5000V的直流高压，以便与被测设备的工作电压相对应。目前有的兆欧表，如ZC30型，采用晶体管直流变换器，可以将电池的低压直流转换为高压

直流。

3.5.1　磁电系比率表的原理

图 1-3-7 是磁电系比率表的结构示意图。固定部分由永久磁铁、磁极和带缺口圆柱形铁芯组成。由于一个极掌和形状比较特殊，所以在气隙中的磁场是不均匀的，这是和一般磁电系测量机构不同的地方。可动部分由线圈 1 和线圈 2 与转轴固定在一起组成。当线圈通电时，线圈 1 中的电流 I_1 与气隙磁场作用而产生转动力矩 M_1，线圈 2 中的电流 I_2 与气隙磁场作用则产生相反方向的力矩 M_2。由于气隙中磁场分布不均匀，所以对同一电流 I_1 来说，线圈 1 所受到的力矩 M_1 在不同的位置是不一样的。也就是说，M_1 随可动部分偏转的角度 α 不同而变化。由图 1-3-7 可知，当可动部分受力矩作用（$M_1>M_2$）朝顺时针方向偏转时，线圈 1 遇到的气隙越来越小，即磁场越来越强，所以力矩 M_1 随 α 角的增加而增大，即 $M_1=I_1F_1(\alpha)$。同样，线圈 2 随线圈 1 一起转动时，反作用力矩 M_2 也将随 α 角的增加而增大，即 $M_2=I_2F_2(\alpha)$。但线圈 2 的全部有效边都处在不均匀磁场中，因而 M_2 随 α 角增大的变化率要大于 M_1 随 α 增大的变化率。这样，转过一定的角度后，反作用力矩 M_2“赶上”M_1，即 $M_2=M_1$，此时有

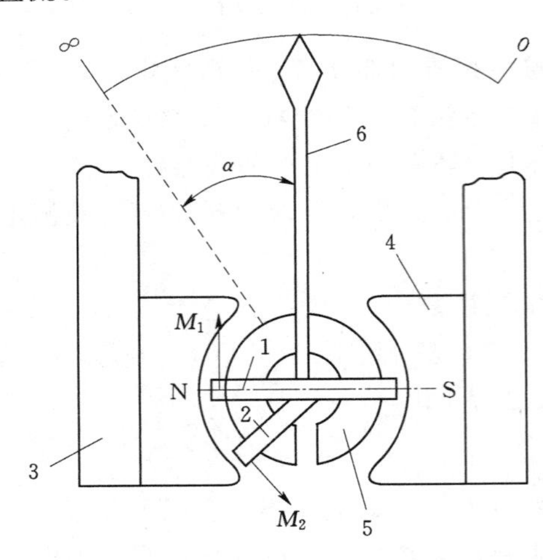

图 1-3-7　磁电系比率表结构示意图
1，2—动圈；3—永久磁铁；4—极掌；
5—带缺口圆柱形铁芯；6—指针

$$I_1F_1(\alpha)=I_2F_2(\alpha)$$

$$\frac{I_1}{I_2}=\frac{F_2(\alpha)}{F_1(\alpha)}=F_3(\alpha)$$

因而

$$\alpha=F\left(\frac{I_1}{I_2}\right)$$

即仪表可动部分的偏转角 α 取决于电流 I_1、I_2 的比值。所以，这种仪表称为比率表或流比计。

由于没有机械游丝，所以比率表不通电时，它的指针可停留在任意位置。

3.5.2　兆欧表的工作原理

图 1-3-8 所示为兆欧表的磁电式比率表和手摇发电机的连线。动圈 1 经限流电阻 R_1 与被测电阻 R_x 相串联。动圈 2 与附加电阻 R_2 相串联，此两支路并联后接到手摇发电机 G 的两端。线圈 1 和线圈 2 中的电流分别为

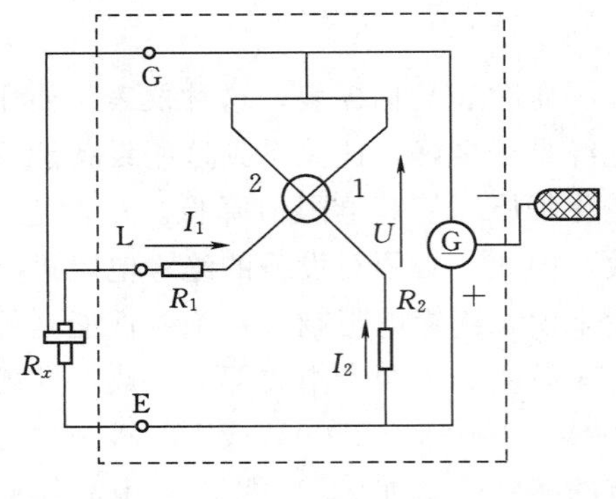

图 1-3-8　兆欧表原理电路

$$I_1=\frac{U}{r_1+R_1+R_x}$$

$$I_2=\frac{U}{r_2+R_2}$$

式中，r_1 和 r_2 分别为动圈 1 和动圈 2 的内阻。若发电机 G 的电压 U 维持不变，那么，I_1 将随被测电阻 R_x 的增大而减小。而 I_2 则是一个与被测电阻 R_x 无关的常量。I_1 和 I_2 与气隙磁场相互作用所产生的力矩 M_1 和 M_2 的方向相反，力矩平衡时，有

$$\alpha=f\left(\frac{I_1}{I_2}\right)=f\left(\frac{r_2+R_2}{r_1+R_2+R_x}\right)=f(R_x)$$

由于 r_1、r_2、R_1 和 R_2 均为常数，所以可动部分的偏转角 α 只与被测电阻 R_x 有关。

当被测电阻 $R_x=\infty$时，$I_1=0$，$M_1=0$，可动部分在 I_2 作用下按逆时针方向旋转。当线圈 2 转到铁芯的缺口处时，由于线圈受到电磁力的方向通过转轴，因而不产生转动力矩，可动部分停止转动，指针指在标尺左端∞处。

当被测电阻 $R_x=0$ 时，电流 I_1 最大，可动部分偏转角 α 也最大，指针指在标尺右端“0”处。

兆欧表的标尺刻成电阻值，为不均匀反向刻度，如图 1－3－9 所示。

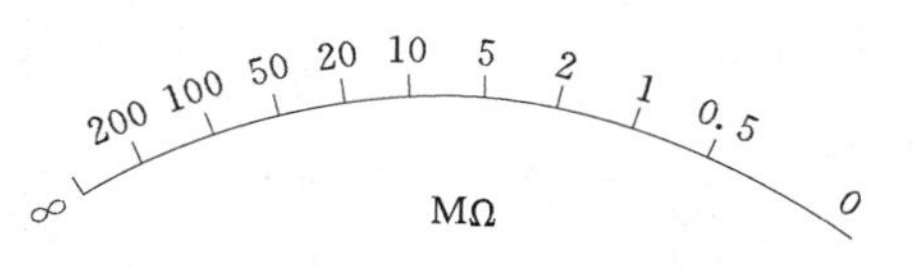

图 1－3－9　兆欧表的标尺

如果发电机 G 的电压 U 有波动，电流 I_1 和 I_2 将发生同样变化。但是，I_1 和 I_2 的比值仍保持不变，故可动部分的偏转角 α 也保持不变。这样，即使手摇发电机的转速不稳定，也不会影响兆欧表的读数。

磁电式比率表没有游丝，动圈电流靠柔软的金属丝（称为导丝）引入，因此手摇发电机不摇动时，兆欧表内无电流，指针处在随遇而停的位置。

3.5.3　兆欧表的使用

（1）兆欧表的选择。选用兆欧表，主要是选择它的额定电压和测量范围。兆欧表的额定电压即手摇发电机的开路电压。当被测设备的额定电压在 500V 以下时，选用 500V 或 1000V 的兆欧表。当额定电压在 500V 以上的被测设备，选用 1000V 或 2500V 的兆欧表。选用兆欧表的电压过低，测量结果不能正确反映被测设备在工作电压下的绝缘电阻；选用电压过高，容易在测量时损坏设备的绝缘。所以兆欧表的额定电压要与被测设备的工作电压相对应。

各种型号的兆欧表，除了有不同的额定电压外，还有不同的测量范围，如 ZC11－5 型兆欧表，额定电压为 2500V，测量范围为 0～10000MΩ。选用兆欧表的测量范围，不应过多地超出被测绝缘电阻值，以免读数误差过大。有些表的标尺不是从零开始，而是从 1MΩ 或 2MΩ 开始，就不宜用来测量低绝缘电阻的设备。

（2）被测设备必须与电源切断后才能进行测量，对具有大电容的设备，如输电线路、高压电容等，还需要进行放电。用兆欧表测量过的设备，也可能带有残余电压，也要在测后及时放电。

（3）测量前兆欧表的检查。当兆欧表接线端开路时，摇动摇柄至额定转速（120r/min)，指针应指在“∞”位置；接线端短路时，缓慢摇动摇柄，指针应指在“0”位置。

（4）接线方法。兆欧表一般有 3 个接线柱，分别标有“线”（L)、“地”（E）和“屏”（G)。测量时，将被测绝缘电阻接在 L 和 E 之间。例如，测量电机绕组的绝缘电阻时，将绕组的接线端接在 L 上，机壳接到 E 上。

G 是用来屏蔽表面电流的，当被测设备的表面不干净或空气太潮湿时，表面有泄漏电

流 I_s，它与体积电流 I_v 一起通过线圈1时，会使指针偏转角增大，从而使兆欧表的示值低于真实绝缘电阻值。

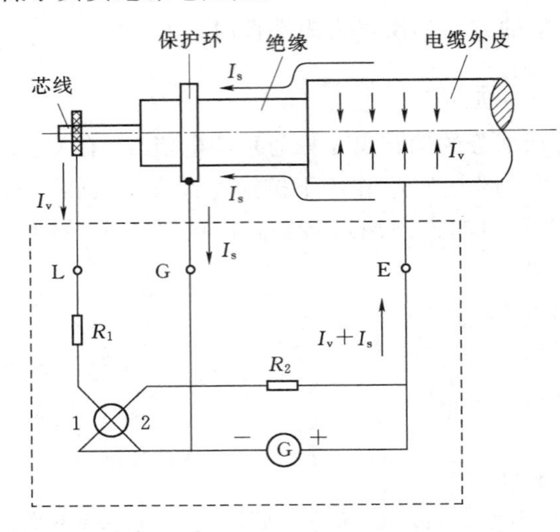

图1-3-10　测量电缆绝缘电阻的接线

为了排除表面电流的影响，应使用G。例如，测量电缆的绝缘电阻时，可按图1-3-10所示接线，方法是在绝缘表面加一保护环，并接至G，这样，表面电流 I_s 便不流过动圈1，而经G回到发电机负极。当表面电流的影响很小时，G也可以不接。

（5）摇速。由于导丝总有一些残余力矩，可动部分也总有一些摩擦力矩，如果手摇发电机电压太低，可动部分的转矩太小，这些力矩就会影响可动部分的偏转角，造成额外的测量误差，因而对兆欧表的摇速作出规定，应尽量接近120r/min的额定转速。

（6）读数。为了获得准确的测量结果，要求在摇速达额定转速并持续到指针稳定时才读数（开始时读数偏小，稳定后读数有所增加），对有电容的被测设备，更应该注意这一点。

3.6　欧　姆　表

3.6.1　欧姆表测量电阻的原理

欧姆表测量电阻的原理如图1-3-11所示，其中电源为干电池，它与表头（磁电系测量机构）和固定电阻 R 相串联，在两个端钮a、b处接入被测电阻 R_x。

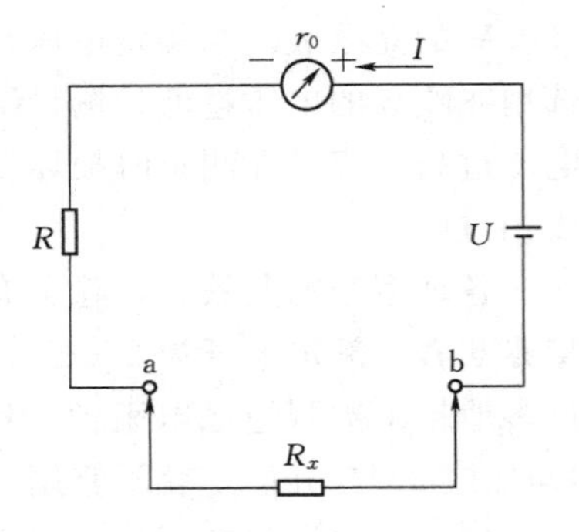

图1-3-11　欧姆表测量电阻原理

测量时，通过表头的电流为

$$I=\frac{U}{r_0+R+R_x}$$

式中　r_0——表头内阻。

当电流电压一定时，对应某一数值的被测电阻 R_x，就有一个确定的电流 I，指针也有相应的偏转。如果标尺以电阻值来刻度，就可以指示出相应的被测电阻值。

当 $R_x=0$ 时，电流 $I=\frac{U}{r_0+R}$，如果选择固定电阻 R 的大小使电流 I 正好等于表头的满偏电流 I_0，则指针满偏转，在标尺的满刻度处刻上“0”，表示被测电阻为零。

当 $R_x=\infty$，即a、b端钮开路时，$I=0$，指针不偏转，在指针指零的位置上刻上“∞”，表示被测电阻为无穷大。

当 $R_x=r_0+R$，等于仪表的总内阻时，表头电流

$$I=\frac{U}{r_0+R+R_x}=\frac{U}{2(r_0+R)}=\frac{1}{2}I_0$$

等于满偏电流 I_0 的一半。此时指针指在标尺的中心位置，故标尺中心的刻度为 r_0+R，称为中心电阻。中心电阻也就是仪表的总电阻。

由上述可知，对电阻的测量实质上是在一定电压条件下对电流的测量。不过欧姆表的标尺刻度与电流表不同，偏转角越大，指示值越小，即反向刻度，且不均匀。

图 1-3-12 所示为 MF30 型万用表的电阻标尺，中心电阻为 25Ω，即被测电阻等于 25Ω 时，指针正好居中。如果被测电阻 $R_x=50\Omega$，指针应停留在什么位置？因 $R_x=2(r_0+R)$，故 $I=\frac{1}{3}I_0$，指针应停留在$\frac{1}{3}$满偏角处，此处可刻上“50Ω”。如果 $R_x=75\Omega=3(r_0+R)$，则 $I=\frac{1}{4}I_0$，故指针应停留在$\frac{1}{4}$满偏角处，此处可刻上“75Ω”。依此类推，可得各位置的刻度。

可见，欧姆表的标尺刻度不均匀，向左渐密，因而并不是由零到∞都可以准确读数，一般在 0.1～10 倍中心电阻值的范围内读数比较准确。因此，中心电阻给出了欧姆表的测量范围。

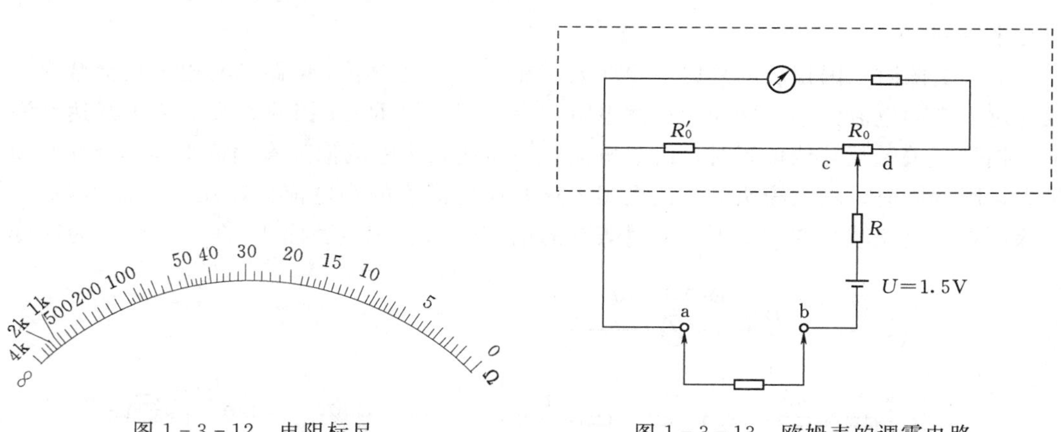

图 1-3-12　电阻标尺　　图 1-3-13　欧姆表的调零电路

3.6.2　调零电位器

以上讨论都假定电源电压恒定不变。实际上，干电池的电压随使用时间的增长而逐渐降低，这会使通过表头的电流减少，造成测量结果偏大。最容易观察到的是，当被测电阻 $R_x=0$ 时，因电压降低而使表头电流达不到满偏值，指针不指“0”。因而欧姆表中都装设了调零电路，如图 1-3-13 虚线框部分所示。

当欧姆表装进新电池时，电压高于 1.5V，流过表头的电流就大，在 $R_x=0$ 时，表头电流可能超过满偏值，指针过“0”点。这时可调节电位器 R_0，使触头朝 c 滑动，直至指针指零。若电池使用时间长，电压低于 1.5V，在 $R_x=0$ 时，表头电流可能达不到满偏值。这时，可使触头朝 d 滑动，使指针指零。因此，电位器 R_0 称为调零电位器。

每次测量电阻时，都要调零。方法是先将 a、b 端钮短接，然后调节调零电位器，直至指针指零为止。调节 R_0 时，虚线框内电路的等效电阻要发生变化，但因电阻 R 较大，

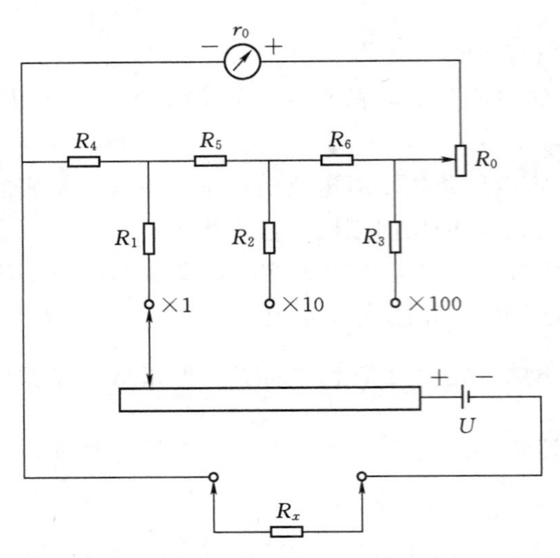

图1-3-14　改变分流电阻以扩大量限的欧姆表电路

欧姆表的总内阻变化很小，可以忽略不计。

3.6.3　量限的扩大

为了适应不同数值电阻的测量，欧姆表制成多量限的。通常分为$R\times1$、$R\times10$、$R\times100$、$R\times1\text{k}$和$R\times10\text{k}$等5挡，各挡量限依次增大10倍。标尺以R值来刻度，也即标尺读数为$R\times1$挡的测量值。各量限共用一条标尺，各挡的测量值分别等于标尺读数×10、×100、×1k或×10k，即

电阻测量值＝标尺测量值×电阻倍率

标尺的中心电阻就是$R\times1$挡的仪表总内阻，其余各挡的中心电阻分别等于标尺中心电阻乘以各挡的倍率。制造时，要求欧姆表各挡线路的总内阻与相应挡的中心电阻相等，这可通过一些电阻与表头进行串、并联组合来达到。

扩大量限时，因仪表的总内阻要增大，在一定的电压下，电路的总电流便会减小，制成通过表头的电流偏小。例如，被测电阻$R_x=0$时，设$R\times1$挡的表头电流正好达到满偏值，挡位开关转至其他位置时，因总电流减小而使表头电流偏离满偏值很远。因此必须在扩大量限的同时，增大表头的分流电阻，这好比电流表的小电流挡需用大分流电阻一样，以保证在总电流减小的情况下，通过表头的电流仍为满偏值。图1-3-14所示为改变分

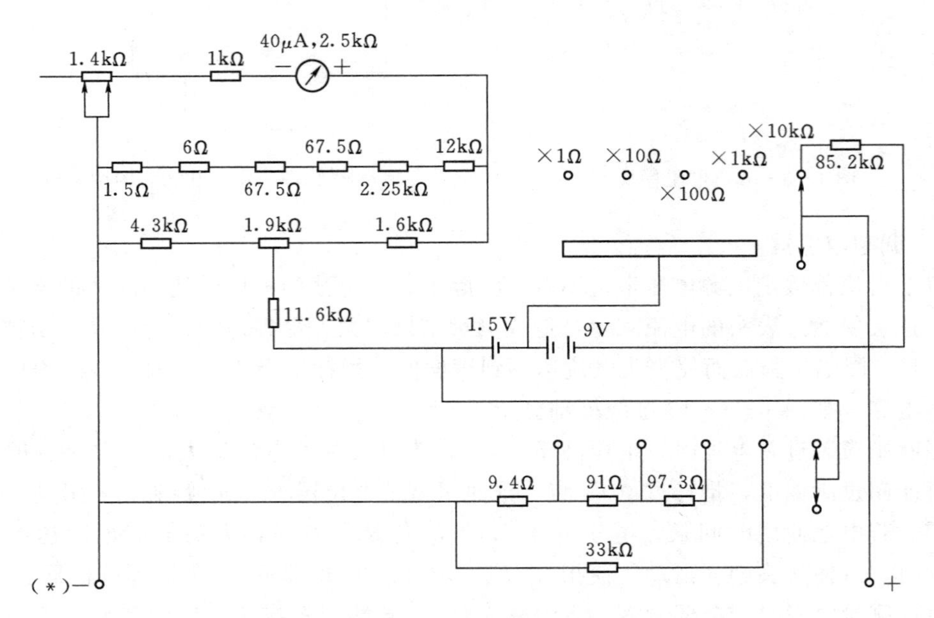

图1-3-15　500型万用表的电阻测量电路

流电阻以扩大量限的欧姆表电路。

图 1－3－14 中各挡串联电阻 R_1、R_2 和 R_3 能使各挡的总内阻与相应挡的中心电阻相等。

用改变分流电阻来扩大量限的方法都采用×10、×100 和×1k 等低阻挡。

另一种扩大量限的方法是提高电池电压，如×10k 挡因电流太小，需另外加进 10V、15V 或 22.5V 的电池，以便提高表头电流。图 1－3－15 所示为 500 型万用表的电阻测量电路，转换开关接至×10k 挡时，使 1.5V 电池退出，而加进 15V 积层电池。

3.7　万　用　表

万用表是一种多用途的仪表，一般的万用表可以测量交流电压、直流电压、直流电流和直流电阻等。有的万用表还能测量交流电流、电容、电感及晶体管参数等。万用表的每一个测量种类又有多种量限，且携带和使用方便，因而是电气维修和测试常用的仪表。

万用表主要由表头（测量机构）、测量线路和转换开关组成。

表头多采用高灵敏度的磁电系测量机构，常用表头的满刻度偏转电流为 40～60μA，满偏电流越小，表头的灵敏度越高，测量电压时的内阻就越大。

万用表仅用一只表头就能测量多种电量，且每种电量又具有多种量限，靠的是对表内测量线路的交换，使被测量换成表头所能测量的直流电流。所以，测量线路是万用表的主要环节。测量线路先进，可使仪表的功能多、使用方便、体积小和重量轻。

转换开关是一只具有多接头的旋转式开关，当转动旋钮，使滑动触头与不同分接头连接时，就接通了不同的测量线路。所以，转换开关起着切换不同测量挡位的作用。

本节将以 500 型万用表为例讲述万用表的测量原理及正确使用方法。图 1－3－16 是 500 型万用表的外形。图 1－3－17 是该表的总电路，图中有两只转换开关，它由许多固定触点和可动触点组成。通常把可动触点称为“刀”，而把固定触点称为“掷”。图 1－3－17 中左边开关 K_1 是一种两层 32 掷开关，共 12 个挡位，右边开关 K_2 是两层二刀 12 掷开关，也有 12 个挡位，开关 K_1、K_2 分别对应于图 1－3－15 中的左、右两个开关旋钮。当旋转转换开关旋钮时，各刀跟着旋转，在某一位置上与相应的掷位闭合，使相应的测量线路与表头和输入插孔接通。左、右两个开关应配合使用。例如，当进行电阻测量时，先把左边旋钮旋到“Ω”位置，然后再把右边旋钮旋到适当的量程位置上。500 型万用表选用满偏电流为 40μA、内阻为 2.5kΩ 的磁电系电流表表头。

测量电阻的欧姆表部分的线路在上一节已经介绍过了，这里不再重复。以下分别介绍该表的几种常用的测量线路。

3.7.1　直流电流挡的测量电路

将图 1－3－17 左边开关 K_1 旋至“A”处，右边开关旋至对应各电流量程挡位上（如 50A），便得到图 1－3－18 所示直流电流测量电路。假设电位器调至左端电阻值为 0.25kΩ，右边开关 K_2 旋至 50μA 挡，则表头支路总电阻为 $0.25+1+2.5=3.75(\text{k}\Omega)$，表头分流电阻为 $12\times10^3+2.25\times10^3+675+67.5+1.5=15000(\Omega)$，表头满偏电流为

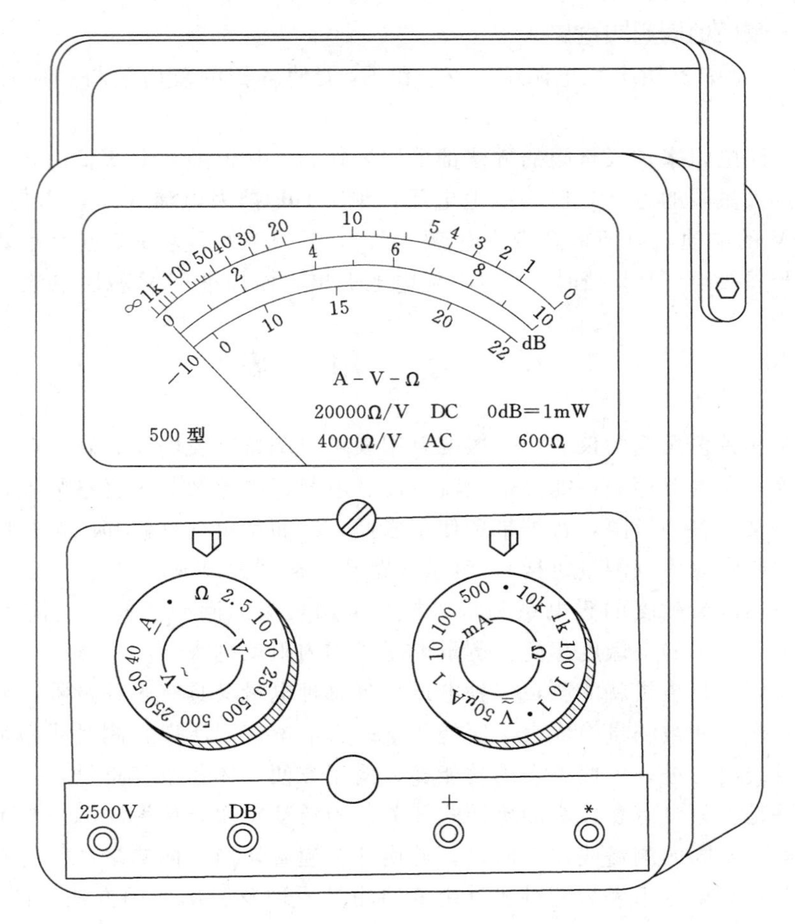

图 1－3－16 500 型万用表外形

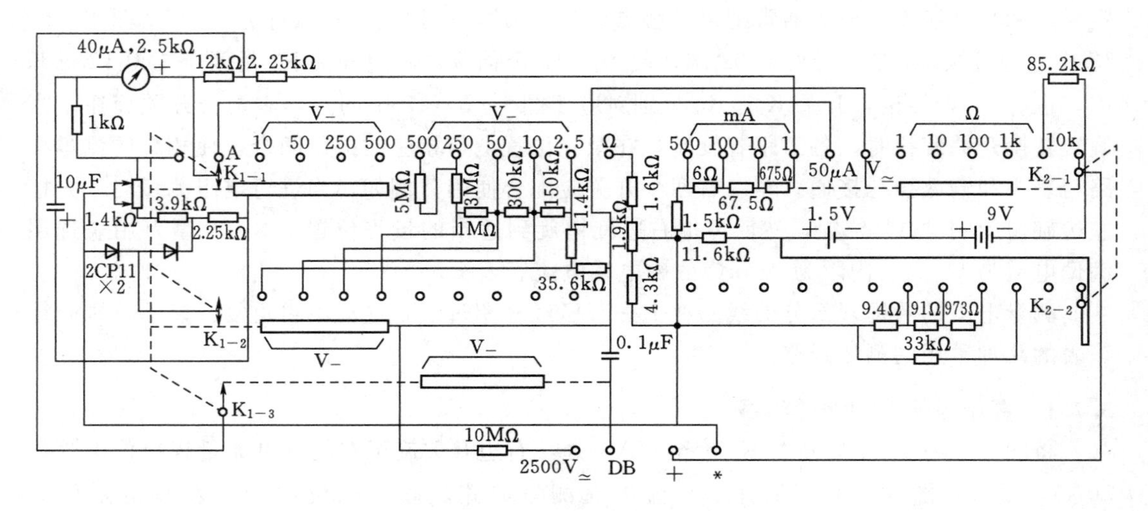

图 1－3－17 500 型万用表总电路

40μA 时，对应被测最大电流为 40×(15+3.75)/15=50(μA)。

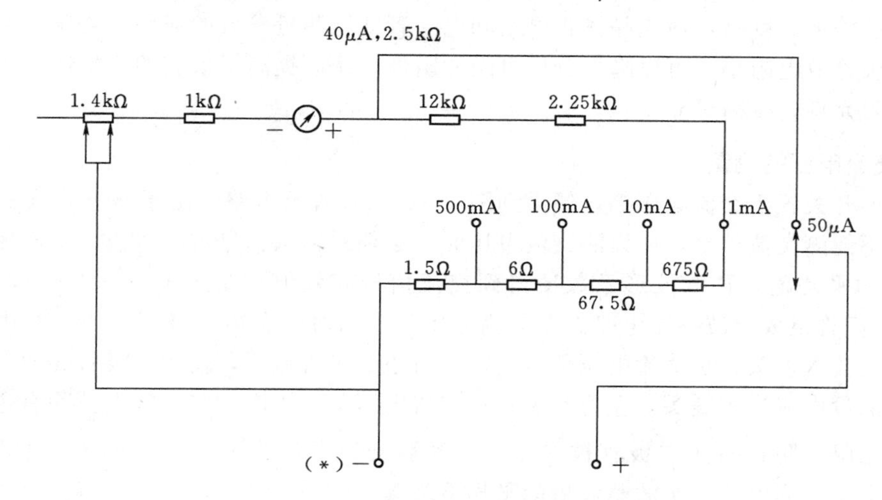

图 1-3-18　500 型万用表直流电流测量电路

3.7.2　直流电压挡的测量电路

当转换开关置于直流电压挡，组成的电路如图 1-3-19 所示。

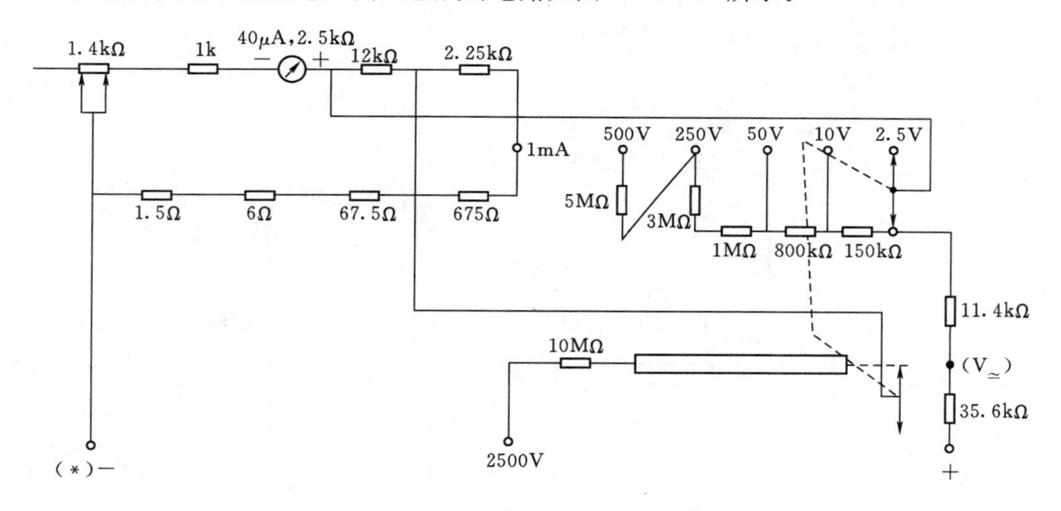

图 1-3-19　500 型万用表直流电压测量电路

测直流电压的原理可看成在图 1-3-19 中 50μA 电流挡的基础上串接各附加电阻构成，即等效电流表表头满偏位置 50μA，等效内阻为 3.75∥15=3(kΩ)（3.75kΩ 与 15kΩ 并联）。例如，在等效表头基础上串接 11.4+35.6=47(kΩ) 的附加电阻便构成直流 2.5V 电压挡，即 $(47+3)\times50\times10^{-3}=2.5$(V)，这就是说，等效表头在满偏置 50μA 时，对应被测电压为 2.5V。

习惯上，把等效表头满偏电流的倒数称为电压灵敏度（电压表内阻常数）。例如，在 2.5V 挡时内阻常数为 $\frac{1}{50\times10^{-6}}=20000$(Ω/V)。电压挡位不同时，仪表的内阻也不同。

内阻越大，仪表从被测电路中取用的电流越少，对被测电路的影响就越小。

低电压挡灵敏度高，适应晶体管电路和电子管低压测量参数的需要。高压挡灵敏度虽低，但表头等效电阻小，可以降低分压电阻的阻值，从而提高了仪表的稳定性。同时，也可减少电阻元件，提高可靠性。

3.7.3 交流电压的测量

当转换开关置于交流电压挡，便得到图 1-3-20 所示电路。由于磁电系表头只能测直流信号不能测交流信号，所以测交流电压时，必须对输入信号进行整流，从而测得直流脉动信号的平均值，再乘波形系数便得到交流信号有效值。在图 1-3-20 中，由两支 CP11 型二极管组成半波整流电路。在交流电压正半周时，右边二极管导通，左边二极管截止，电流流入表头；在交流电压负半周时，右边二极管截止，左边二极管导通，将表头短接，从而没电流流入表头，左边二极管在交流电压负半周时，能基本上消除右边二极管上的反向压降，防止右边二极管被击穿。设被测交流电压为 $u=\sqrt{2}U\sin\omega t$，经半波整流后，只剩下正半周电压，半波整流后的平均值为

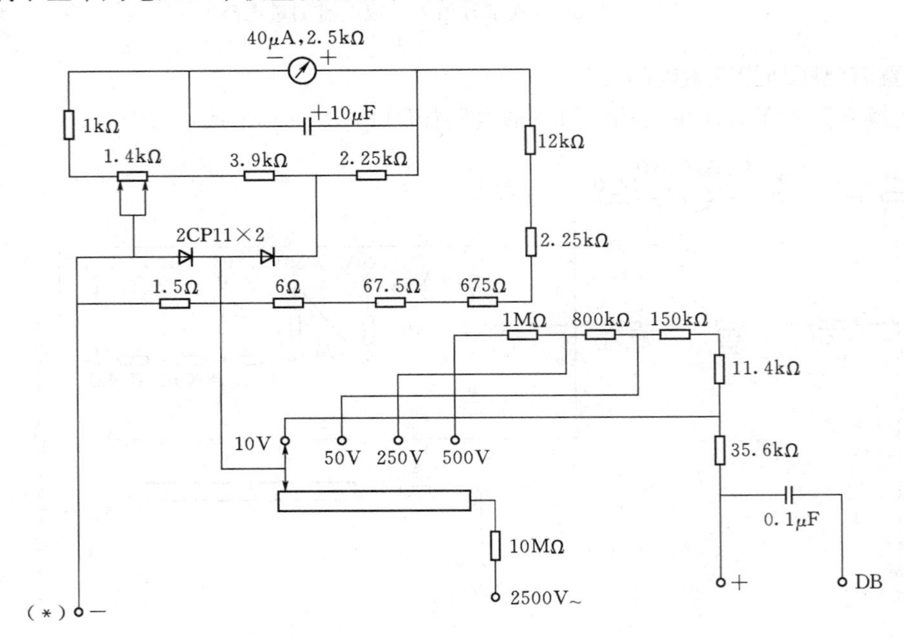

图 1-3-20 500 型万用表交流电压测量电路

$$\overline{U}=\frac{1}{2\pi}\int_{0}^{\infty}\sqrt{2}\sin\omega t\,\mathrm{d}(\omega t)=\frac{\sqrt{2}}{\pi}U=0.45U$$

上式还可写为

$$U=2.22\overline{U}$$

式中 U——被测电压有效值。

可见，测得平均电压 $\overline{U}$ 后，再乘以波形系数 2.22，便得被测电压有效值。万用表交流挡的标度尺是按有效值来刻度的。如果将万用表用于非正弦交流电压的测量，则所得结果并不是非正弦交流电压的真有效值，此时应根据被测非正弦交流电压的波形系数，对测

量结果进行修正。

图 1 - 3 - 20 中表头和整流器部分可等效成一个内阻为 2.24kΩ，满偏电流为 117.3μA 电流表头，该等效表头在满偏位置，开关置于 10V 挡时所测交流电压的有效值为

$$U=117.3\times10^{-6}\times(2.24+35.6)\times10^{3}\times2.22=9.85\approx10(\mathrm{V})$$

由于刻度的改变是以被测交流属正弦波为前提的，所以用万用表测量非正弦电压时，误差较大。又因二极管都有一定的工作频率，所以测交流电压时，有规定的频率范围，一般在 45～1000Hz 内。

3.7.4 500 型万用表的技术性能与正确使用

1. 技术性能

直流电流挡和电阻挡准确度为 2.5 级；交流电压挡准确度为 5.0 级，内阻参数为 4000Ω/V；0～500V 直流电压挡准确度为 2.5 级，内阻参数为 20000Ω/V。

2. 正确使用方法

（1）应特别注意左、右两个按钮的配合使用，不能用电流挡和电阻挡测电压；否则会损坏表头。

（2）每一次测电阻，一定要调零。用电阻挡测量时，注意“+”插孔是和内部电池的负极相连的。“*”端插孔是和内部电池的正极相连的。×10kΩ 电阻挡开路电压为 10V 左右，其余电阻挡开路电压为 1.5V 左右。

（3）每次用毕，最好将左边旋钮旋至“•”处，使测量机构两极接成短路，右边旋钮也应旋至“•”处。

3.8 交流电桥简介

将直流单臂电桥的 4 臂由电阻改为阻抗，就变成交流电桥，如图 1 - 3 - 21 所示。交流电桥主要用于测量电感、电容、介质损耗和交流电阻等参数。由于它是将被测量与标准量（如标准电容、标准电感等）进行比较的仪器，所以准确度很高。

3.8.1 平衡条件

交流电桥的平衡与直流电桥一样，通过指零仪指零来获知电桥达到平衡，平衡时，有

$$Z_1Z_3=Z_2Z_4$$

用 $Z_1=|Z_1|\angle\varphi_1$、$Z_2=|Z_2|\angle\varphi_2$、$Z_3=|Z_3|\angle\varphi_3$，$Z_4=|Z_4|\angle\varphi_4$ 代入，可得

$$|Z_1||Z_3|=|Z_2||Z_4|$$

$$\varphi_1+\varphi_3=\varphi_2+\varphi_4$$

即平衡时必须同时满足对臂阻抗幅值相等以及对臂阻抗幅角代数和相等两个条件。幅角代数和要相等，可以帮助我们判

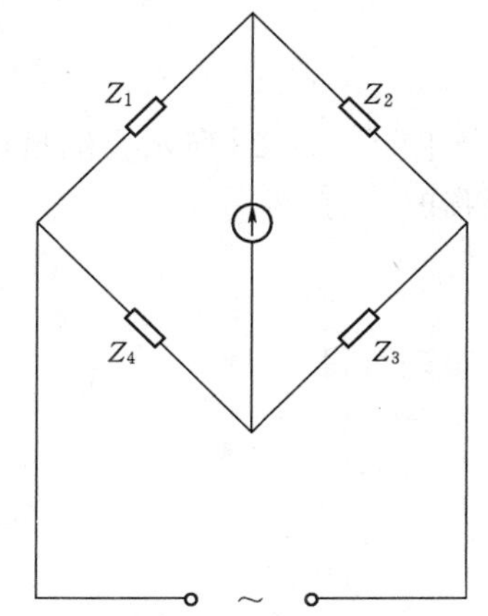

图 1 - 3 - 21 交流电桥

断桥臂阻抗性质的配置是否妥当。

为使调节平衡简单，除被测臂外，通常只有一个复数臂，另外两个桥臂均选择纯电阻。比如，选 Z_2 和 Z_3 为纯电阻，即 $\varphi_2=\varphi_3=0$，则 $\varphi_1=\varphi_4$，即 Z_1 和 Z_4 必须同为电感性或同为电容性。如果选择 Z_2 和 Z_4 为纯电阻，即 $\varphi_2=\varphi_4=0$，则 $\varphi_1=-\varphi_3$，在 Z_1 和 Z_3 两者中，必须有一为电感性，而另一为电容性。

图 1-3-22 所示为测量电容的电桥电路，C_x 和 R_x 为被测电路的串联等效电路的电容和电阻，C_0 为标准电容，R_0 为标准电阻。平衡时，有

$$\left(R_x-\mathrm{j}\frac{1}{\omega C_x}\right)R_3=\left(R_0-\mathrm{j}\frac{1}{\omega C_x}\right)R_2$$

经整理可得

$$R_x=\frac{R_2}{R_3}R_0$$

$$C_x=\frac{R_3}{R_2}C_0$$

通常，标准电容 C_0 是做成固定的，不能连续调节，故电桥的平衡过程实际是 R_0、R_2/R_3 的调节过程，必须分别反复调节才能使电桥达到平衡。

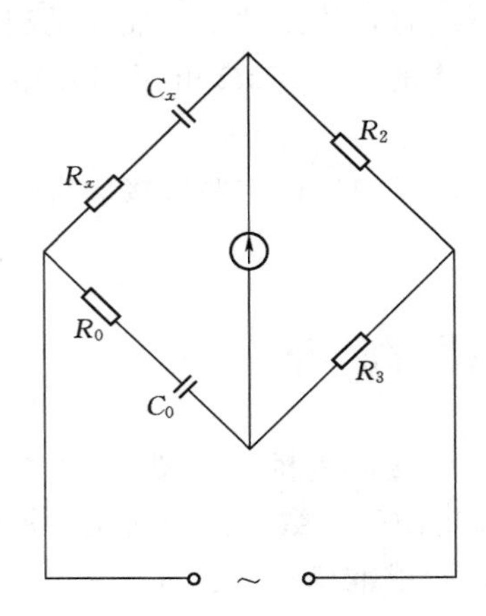

图 1-3-22　测量电容的电桥电路

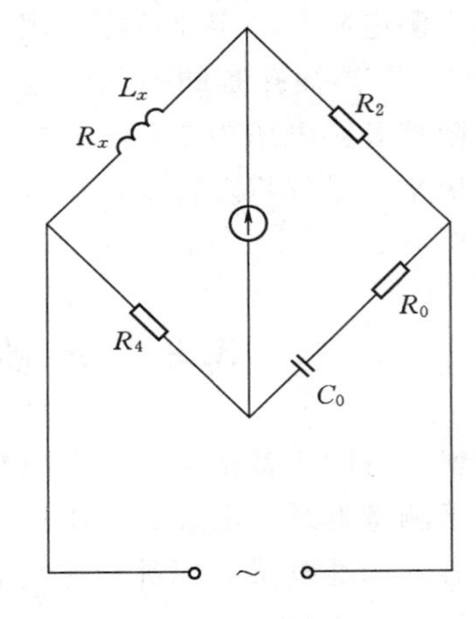

图 1-3-23　测量电感的电桥电路

图 1-3-23 所示为测量电感的电桥电路，L_x 和 R_x 为被测电感线圈的电感和电阻，平衡时，有

$$(R_x+\mathrm{j}\omega L_x)\left(R_0-\mathrm{j}\frac{1}{\omega C_0}\right)=R_2R_4$$

经整理可得

$$R_x=\frac{R_2R_4R_0(\omega C_0)^2}{1+(\omega R_0C_0)^2}$$

$$L_x=\frac{R_2R_4C_0}{1+(\omega R_0C_0)^2}$$

3.8.2　电源和指零仪

交流电桥的电源必须是正弦交流电源。电源电压的幅值对电桥的平衡没有影响，但频

率不准和不稳将影响电桥的平衡和读数。一般交流电桥采用 50Hz 工频电源和 1000Hz 音频电源；精密电桥采用 1592Hz 电源，其相应的角频率 $\omega=10^4$ rad/s，可使测量结果的计算较为方便。

交流电桥的指零仪采用交流检流计或耳机。

练习与思考

(1) 用伏安法测量直流电阻的两种电路各适用于什么情况？

(2) 用伏安法测量标称值为 100Ω 的电阻，若电流表的内阻为 50Ω，电压表的内阻为 5kΩ，问采用哪种电路？说明理由。

(3) 用电压表前接的伏安法测量电阻时，读得电流为 2.0A、电压为 56.8V。已知电流表的内阻为 2.4Ω，求被测电阻值。

(4) 直流单臂电桥适用于测量________电阻。

(5) 电桥的准确度等级高，是因为________电阻的准确度高，且________计的________度高，可保证电桥处于精确的________状态。

(6) 测量未知电阻时，可先用________表测量电阻的大致数值，以选择适合的________，倍率的选择应使________臂的________个电阻全部用上，以提高读数的准确度。若被测电阻 $R_x \approx 50\Omega$，倍率应选________。

(7) 用单臂电桥测量电阻时，应先按________按钮，再按________按钮。测量结束，应先松________按钮，再松开________按钮。

(8) 直流双臂电桥可以消除________电阻和________电阻的影响，适用于测量阻值在________ Ω 以下的________电阻。

(9) 被测电阻的________端钮和________端钮应和双臂电桥的对应端钮正确连接。

(10) 测量 3 个低值电阻时，比较臂的读数均为 0.864Ω，但倍率分别为 1、0.1 和 10，则这 3 个电阻分别为________、________和________。

(11) 3 个待测电阻的阻值分别约为 0.00035Ω、0.0035Ω 和 0.035Ω，用双臂电桥测量时，倍率应分别选择为________、________和________。

(12) 兆欧表主要用来测量电气设备的________，以判定绝缘是否良好。

(13) 选用兆欧表，主要是选择它的________和________。额定电压为 500V 及以下的电气设备，一般选用________ V 或________ V 的兆欧表。选用兆欧表的测量范围，应使指针指在刻度尺的工作部分，不应过多的超出被测________值。

(14) 兆欧表的标尺为________刻度，在刻度尺的工作部分（或称有效部分），可以满足________等级的要求。例如，ZC11—3 型兆欧表工作部分是 0～2000MΩ，其准确度等级为 1.0 级。

(15) 被测设备必须与________切断后才能测量其绝缘电阻，对具有大电容的设备，还要进行________。用兆欧表测量过的设备，也可能带有残余________，也要在测量后及时________。

(16) 兆欧表的接线柱一般有 3 个，分别标有________ (L)、________ (E)、

________（G）。

（17）兆欧表的________端用来屏蔽________电源，测量电缆的绝缘电阻时，在绝缘表面加一________，并接至G端。

（18）万用表仅用一只________表头就能测量多种电量，靠的是对表内________的变换，使被测量变成表头所能测量的________电流。

（19）万用表的灵敏度（Ω/V，某量限的总内阻与该量限之比，即每伏欧姆数）与挡位有关。MF—30型万用表在直流1～25V挡位，灵敏度为________；在直流100～500V挡位，灵敏度为________。若灵敏度高，测量时对被测电路的影响________。

（20）用万用表测量交流电压时，由表内的整流器将交流变成________，磁电系表头配上整流器就构成________系仪表。在半波整流电路中，整流元件D_2导通时，使________电压大为降低，消除了反向击穿的可能性。

（21）正弦波经半波整流后的平均值为正弦波有效值的________倍，故半波整流的万用表要将平均值刻度乘以________，才能改成有效值刻度。若用此万用表的交流电压挡测量2V直流电压时，指针指示值为________V或________V。

（22）用半波整流的万用表的交流电压挡测量幅值为100V的正弦交流电压，指针指示值为________V；测量100V直流电压时，若红表笔接“＋”极，黑表笔接“－”极，指针指示值为________V，反接时，指针指示值为________V。

第4章　交流电流和电压的测量

要对交流电进行测量，必须克服磁电系仪表在交流电作用下，转动力矩的大小和方向周期性地改变而无法读数的矛盾。为了解决这个矛盾，人们采用了很多方法，归纳起来，可以分为两个方面：一个方面是从测量电路入手，即将被测交流电量通过某一“变换器”变换成磁电系测量机构可以测量的直流电量，如万用表中所介绍的测量交流电压的整流式仪表的电路就属于这种类型；另一方面是从改变测量机构入手，即采用和磁电系仪表结构不同的新的测量机构，使其转动力矩的平均值能反映出交流电流（或电压）的大小，属于这种类型的仪表有电磁系、电动系和感应系等。

4.1　电磁系测量机构

电磁系仪表是利用动铁片与通有电流的固定线圈之间或与被此线圈磁化的静铁片之间的作用力而制成的仪表。这种仪表是测量交流电压与交流电流最常用的一种仪表。它具有结构简单、过载能力强、造价低廉以及交、直流两用等一系列优点，在实验室和工程仪表中应用十分广泛，特别是开关板式交流电流表和电压表。一般都采用电磁系仪表。电磁系仪表的结构形式常见的有两种，即吸引型结构和排斥型结构。本章将介绍电磁系仪表的结构、工作原理和技术特性，并简单介绍电磁系仪表的常见故障及其消除方法。

4.1.1　吸引型电磁系仪表的结构和工作原理

吸引型电磁系仪表的结构如图 1-4-1 所示。它由固定线圈 1 和偏心地装在转动轴上的动铁片 2 所组成，它的转动部分除动铁片 2 外，还有指针 3、磁感应阻尼器的扇形铝片 4 及产生反作用力矩的游丝 5，扇形铝片 4 可以在作阻尼用的永久磁铁 6 的空隙中转动，为了防止固定线圈 1 受到永久磁铁 6 的影响，在永久磁铁前加一块钢质的磁屏，如图 1-4-1 中 7 所示。

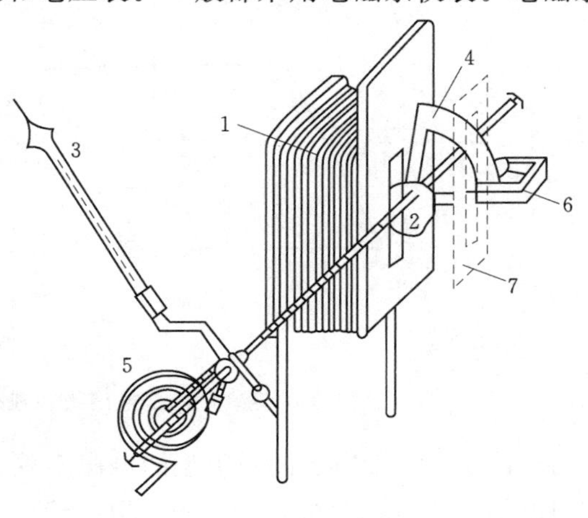

图 1-4-1　吸引型电磁系仪表的结构

1—固定线圈；2—动铁片；3—指针；4—扇形铝片；5—游丝；6—永久磁铁；7—磁屏

吸引型的电磁系仪表的工作原理如图1－4－2所示。当电流通过线圈时，在线圈的附近就有磁场存在（磁场的方向可由右手螺旋定则确定），在线圈的两端就呈现磁性，使可动铁片被磁化，如图1－4－2（a）所示，结果对铁片产生吸引力，从而产生转动力矩，使指针发生偏转。当转动力矩与游丝产生的反作用力矩相平衡时，指针便稳定在某一位置，从而指示出被测电流（或电压）的数值。由此可见，吸引型电磁系仪表是利用通有电流的线圈和铁片之间的吸引力来产生转动力矩的。当线圈中的电流方向改变时，线圈所产生的磁场的极性和被磁化的铁片的极性也随着改变，如图1－4－2（b）所示，因此它们之间的作用力仍然是吸引的，即活动部分转动力矩的方向仍保持原来的方向，所以指针偏转的方向也不会改变。可见，这种吸引型的电磁系仪表可以应用在交流电路中。

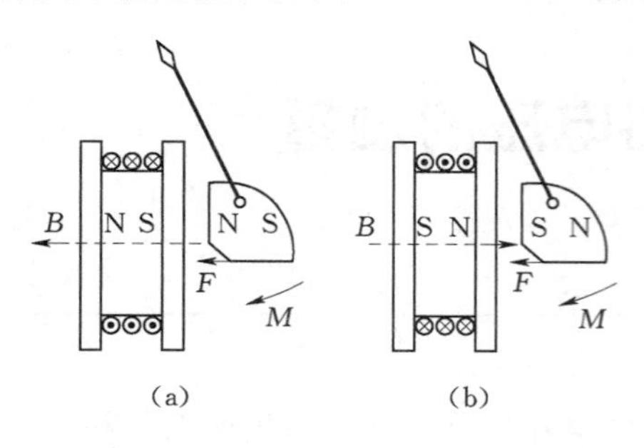

图1－4－2　吸引型电磁系仪表的工作原理

电磁系仪表的阻尼器通常有“磁感应阻尼器”和“空气阻尼器”两种，这里首先介绍磁感应阻尼器。图1－4－3（a）说明了磁感应阻尼器的工作原理。当金属片在作为阻尼用的永久磁铁的气隙中运动切割磁力线 **B** 时，可以将金属片想象分为许多金属细丝，运用电磁感应定律（或右手定则）可以判断出：当这些金属细丝切割磁力线 **B** 时，在金属片中将有感应电流 i 产生，感应电流 i 的方向如图1－4－3（a）中虚线所示。而感应电流 i 与永久磁铁的磁场又相互作用，由此产生电磁力 **F**，其方向可根据左手定则加以判断。从图1－4－3（a）可知，电磁力 **F** 的方向刚好是和金属片运动方向相反，因此起到了阻尼作用。

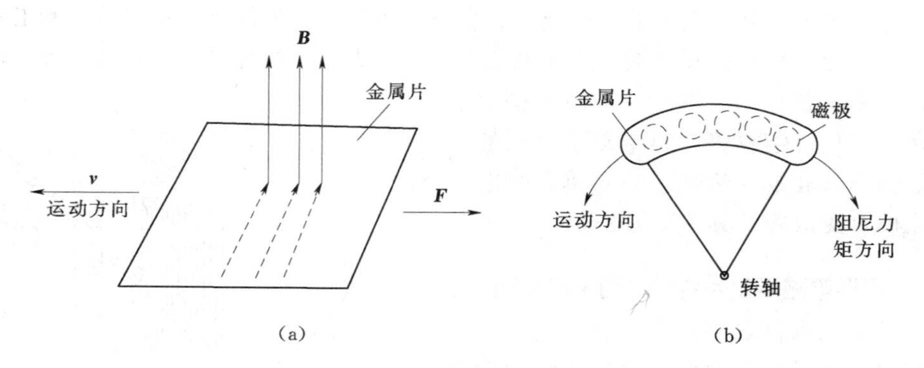

图1－4－3　磁感应阻尼器

（a）磁感应阻尼器的工作原理；（b）磁感应阻尼器的一种结构

在图1－4－1所示的吸引型的电磁系仪表的结构中，当动铁片2转动时，通过转轴，使扇形铝片4也在永久磁铁6的空隙中转动。由于铝片切割永久磁铁的磁力线，而在铝片中产生了涡流，这涡流和永久磁铁的磁场相互作用便产生阻碍铝片运动的阻尼力矩。磁感应阻尼器也可以做成其他不同的形式，图1－4－3（b）就是其他结构的一种，但其基本原理是类似的。

图 1-4-4 所示为采用空气阻尼器的吸引型电磁系仪表的结构，其阻尼作用是由与转轴相连的活塞 4 在小室中移动产生的。

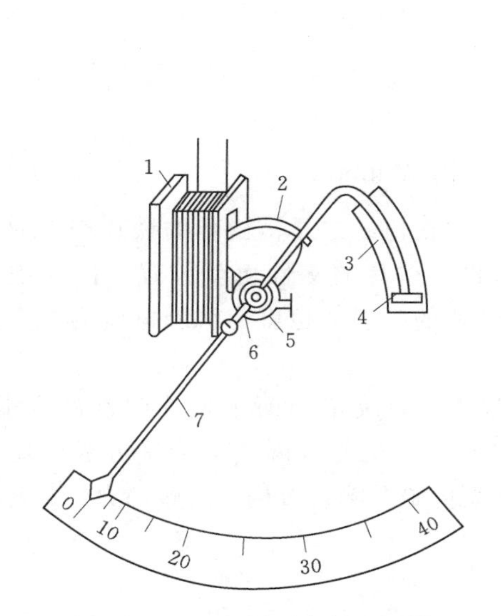

图 1-4-4　吸引型空气阻尼器式电磁系仪表

1—固定线圈；2—可动片；3—小室；4—活塞；5—游丝弹簧；6—轴；7—指针

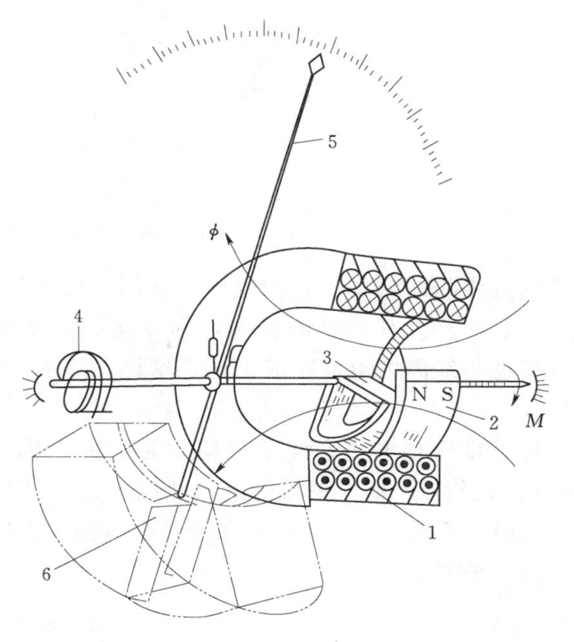

图 1-4-5　排斥型电磁系仪表的结构

1—固定线圈；2—线圈内侧的固定铁片；3—可动铁片；4—游丝；5—指针；6—空气阻尼器的翼片

4.1.2　排斥型电磁系仪表的结构和工作原理

排斥型电磁系仪表的结构如图 1-4-5 所示。

它的固定部分包括固定线圈 1 和线圈内侧的固定铁片 2，可动部分包括固定在转轴上的可动铁片 3、游丝 4 和指针 5，图 1-4-5 中的 6 为一固定在轴上的空气阻尼器的翼片，它放置在不完全封闭的扇形阻尼箱内，当指针在平衡位置摆动时翼片也随着在阻尼箱内摆动，由于箱内空气对翼片的摆动起阻碍作用，使摆动很快地停止下来。

当固定线圈通过电流时，电流的磁场使得固定铁片 2 和可动铁片 3 同时磁化，这两个铁片的同一侧是同性的磁极。如图 1-4-6 (a) 所示，同性磁极间相互排斥，使可动部分转动。当转动力矩与游丝产生的反作用力矩相等时，指针就取得某一平衡位置而指示出被测量的数值。当通过固定线圈的电流方向改变时，则它所建立的磁场方向也随着同时改变，如图 1-4-6 (b) 所示，因此两个铁片仍然互相排斥。转动力矩的方向保持不变。也就是说，仪表可动部分的偏转方向不随电流方向的改变而改变。因此，它同样可以应用于交流电路的测量。

4.1.3　电磁系测量机构的刻度特性

在吸引型电磁系测量机构中，对铁片的吸引力可看成是两个磁场相互作用的结果。

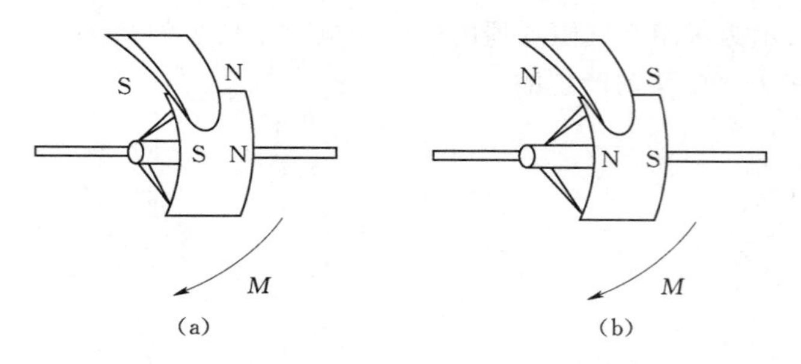

图1-4-6　排斥型电磁系仪表中的磁化情况

一是载流线圈的磁场，它的强度与线圈中的电流I成正比；二是被磁化的铁片产生的磁场，只要铁片没有达到磁饱和，则线圈的磁场越强，铁片的磁性也就越强，因而铁片的磁场也与线圈的电流I成正比。这样，线圈对铁片的吸引力也就与线圈电流的平方成正比。

对于排斥型电磁系测量机构也是如此，因为排斥力决定于两个铁片磁性的强弱，而它们的磁性又都与线圈的电流I成正比，所以排斥力也与线圈电流的平方成正比。

因而，不论是吸引型电磁系测量机构还是排斥型电磁系测量机构，其转动力矩都与线圈电流的平方成正比，即

$$M=K_\alpha I^2$$

式中　K_α——系数，与线圈的匝数和尺寸、铁片的形状、材料的尺寸以及铁片与线圈的相互位置（偏转角）有关。

当线圈通入交流电时，虽然转矩方向不变，但其大小随时间变化，瞬时转矩为

$$m=K_\alpha i^2$$

由于可动部分的惯性，使其跟不上瞬时转矩的变化，可动部分的平衡位置由平均转矩M来决定，即

$$M=\frac{1}{T}\int_0^T m\mathrm{d}t=\frac{K_\alpha}{T}\int_0^T i^2\,\mathrm{d}t=K_\alpha I^2$$

式中　I——交流电流的有效值。

所以，直流和交流的转动力矩的公式是相同的。

电磁系测量机构的反作用力矩由游丝产生，游丝的反作用力矩为

$$M_\alpha=D\alpha$$

当可动部分所受的平均力矩与反作用力矩平衡时，有

$$K_\alpha I^2=D\alpha$$

故

$$\alpha=\frac{K_\alpha}{D}I^2=KI^2$$

其中

$$K=\frac{K_\alpha}{D}$$

上式说明，电磁系测量机构的偏转角 α 与被测电流（直流或交流有效值）的平方成正比。因此，仪表的标尺刻度具有平方律的特性，即前密后疏。当被测量较小时，分度很密，读数困难且不准确。

4.2　电磁系电流表和电压表

4.2.1　电磁系电流表

在电磁系测量机构中，电流通过的是固定线圈，它用粗导线绕制，可以允许较大电流通过。因而，电磁系测量机构可以直接作为电流表来使用。这种机构的磁路大部分以空气为介质，所以线圈的磁势必须足够大（一般约为 200 安匝）。电流量限大，线圈匝数就少，线径要粗；反之，线圈匝数就多，线径小。例如，国产 19T1—A 型安装式电流表，量限为 200A 的，其固定线圈只有一匝，用 3.53mm×16.8mm 的扁铜线绕制而成。直接接入电路的电磁系电流表，其最大量限不超过 200A。测量 200A 以上的交流电流时，应与电流互感器配合使用，相应电流表的量限均为 5A。

安装式电流表一般均为单量限，携带式电流表常制成多量限。电磁系电流表不采用分流器来扩大量限，双量限表是将固定线圈分成两段绕制，用金属连接片使其改变两段线圈的连接方式，以达到改变量限的目的。图 1－4－7（a）所示为线圈两段串联，被测电流为 I 时，测量机构的总安匝数为 $2NI$（N 为每个分段的匝数）。图 1－4－7（b）所示为线圈两段并联，被测电流为 $2I$ 时，总安匝数仍为 $2NI$。即图 1－4－7（b）所示的连接方式可使电流表量限扩大一倍。

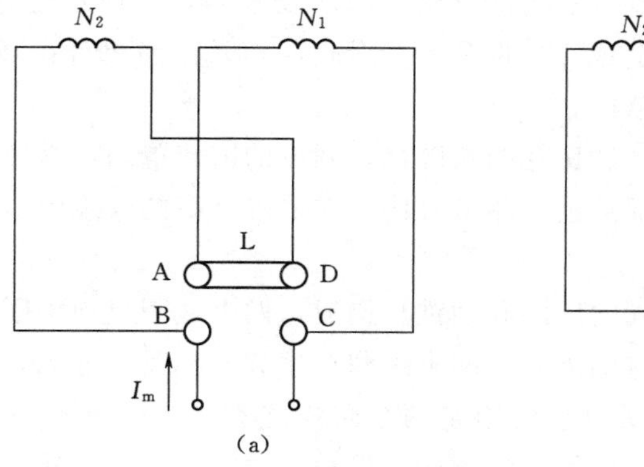

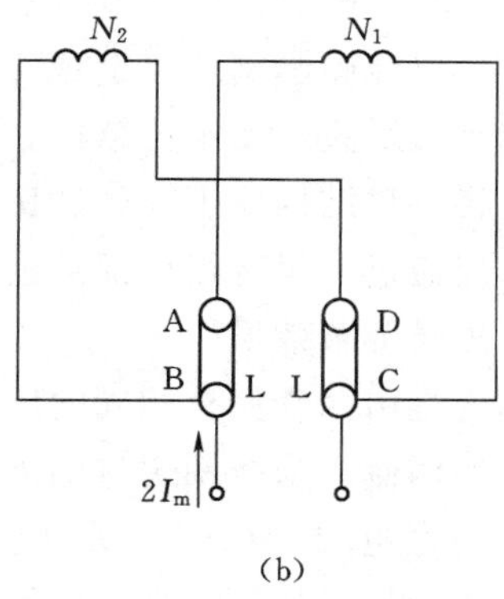

图 1－4－7　电磁系电流表改变量限示意图

（a）线圈串联；（b）线圈并联

N_1，N_2—绕组；A，B，C，D—端钮；L—金属片

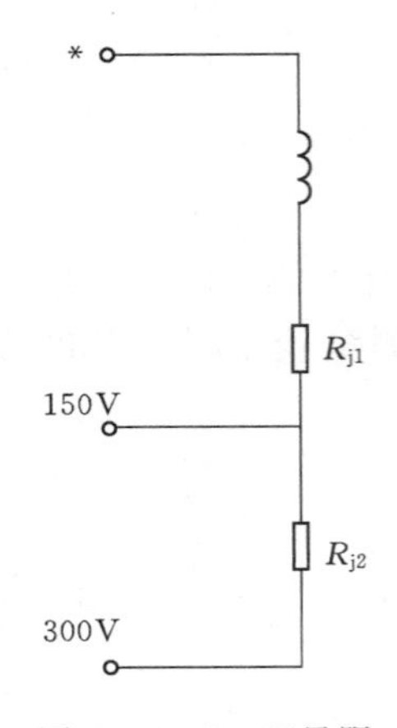

图1-4-8 双量限电磁系电压表的原理电路

4.2.2 电磁系电压表

将电磁系测量机构与附加电阻串联，就制成电磁系电压表。这时，固定线圈中的电流较小，为了保证有足够的安匝数，匝数就应增多（几百至几千匝），但匝数受制造上的限制，又不能太多，所以电流就不能太小。这样，附加电阻就不能太大。因此，电磁系电压表的内阻较小，一般为50Ω/V，有时为每伏几百欧，而磁电系电压表内阻可达每伏几千欧。内阻小，满偏电流就大，如T19—V型电压表，7.5V量限的满偏电流就高达500mA，因此电磁系电压表功率消耗大。电磁系电压表一般不制造低量限的，最小量限为1.5V。

电磁系电压表扩大量限仍采用串联附加电阻的方法。

图1-4-8表示双量限电磁系电压表的原理电路。当使用端钮“*”与电磁系电压表“150V”端钮测量时，相应量限为150V，其附加电阻为R_{j1}，当使用端钮“*”与电磁系电压表“300V”端钮测量时，相应量限为300V，其附加电阻为$R_{j1}+R_{j2}$。

4.3 电磁系仪表的主要技术特性

电磁系仪表有以下主要技术特性：

（1）结构简单，交、直流两用（主要用于交流），制造成本低，因此开关板式交流电流表、电压表多采用这种结构。

（2）过载能力强。这是因为电磁系测量机构的活动部分不通过电流的缘故。

（3）标尺刻度不均匀。通过合理选择铁片的形式、材料及线圈的位置，可使前后刻度均匀一些。为了保证测试准确度，标尺上标有表征起始工作位置的黑圆点。

（4）受外磁场影响大。由于电磁系测量机构内部磁场较弱，因而易受外磁场的影响。如不采取措施，仅地磁影响就可造成1%的误差。因此，均采用防御外磁场影响的措施，常采用的措施有磁屏蔽或无定位结构。

磁屏蔽是将测量结构置于导磁性良好的铁磁材料制成的屏蔽罩内，这样外磁场的磁通绝大部分从罩壳通过，只有很少部分进入测量机构。在准确度高的仪表中，常采用双层屏蔽的方法，以提高屏蔽效果。

无定位结构是由两套完全相同的线圈和动铁片构成，两个线圈反向串联，两个动铁片对称地装在轴的两侧。当线圈通过电流时，两个线圈产生方向相反的磁场，但它们吸引铁片而产生的转动力矩方向相同，所以总转矩是两个转矩之和。当仪表置于均匀外磁场中时，总是一个线圈的磁场被增强，而另一线圈的磁场被削弱，结果是总转矩保持不变。这样，仪表不论放在什么位置，均有防御外磁场的能力，故名“无定位”结构。

（5）用于直流测量时有磁滞误差。由于铁片的磁滞特性，当测量逐渐增加的直流时，读数偏低；当测量逐渐降低的直流时，读数偏高，故出现“升降变差”。电磁系仪表用于测量工频时，磁滞误差很小。按有效值刻度的交流电磁系仪表，才能交、直流两用。

(6) 受频率的影响。固定线圈的感抗 X_L 随频率而变化，会影响仪表的准确度，一般电磁系仪表只适用于工频测量。

(7) 波形误差。理论上电磁系仪表可用来测量非正弦交流的有效值，但由于动片的 $B-H$ 曲线的非线性，使得有效值相同而波形不同的交流电流在铁芯中产生的 B 的平均值不相等。波形越尖，B 的平均值越小，指针指示值就越偏低。

由于电磁系仪表结构简单、过载能力强、坚固耐用和价格便宜，所以得到广泛应用，特别是开关板式交流电流表、电压表几乎都采用它。

近年来，由于采用新材料，电磁系仪表的准确度已高达 0.1 级，因而高难度仪表也有被电磁系仪表取代的趋势。

4.4 钳　形　表

用电流表测量电流，必须将被测电路断开，以便串联接进电流表。而钳形表可以在不断开电路的情况下测量电流。

钳形表由穿心式电流互感器和整流系电流表组成，其外形如图 1－4－9 所示。电流互感器的铁芯在握紧扳手时会张开，以便将被测电流的导线入钳口中央，作为电流互感器的原边，而接在电流互感器副边线圈上的电流表便指示出电流的大小。钳形表也有几个不同的量限，可由转换开关切换。

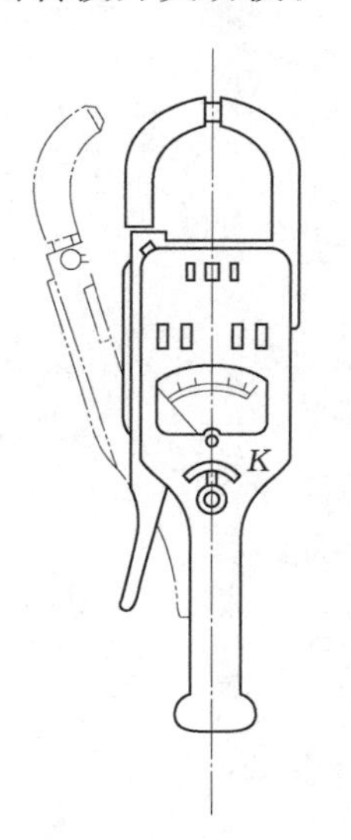

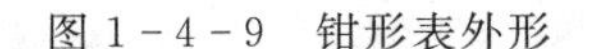

图 1－4－9　钳形表外形

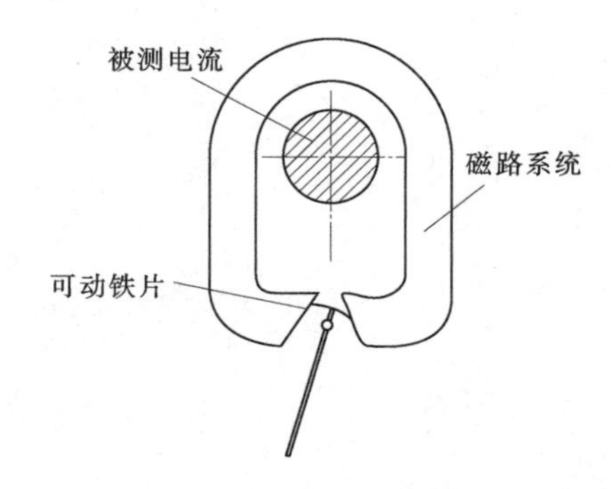

图 1－4－10　交、直流钳形表结构示意图

还有一种交、直流两用钳形表，它用电磁系测量机构做成，如 MG20 型钳形表，图 1－4－10 所示为其结构示意图。当钳住被测电流时，铁芯中产生磁场，位于铁芯缺口中的可动铁片受磁场作用而偏转，从而带动指针指示出被测电流的数值。

钳形表的准确度不高，一般为 2.5 级或 5 级。为减少测量误差，应将被测导线置于钳口中央，钳口要清洁、平直、咬合好，要检查指针的零位调节和指针的机械平衡是否好。

钳形表使用方便，多用于配电变压器低压侧或线路的电流，但严禁在高压线路上使用，以免击穿绝缘，造成人身事故。

有一种钳形表由钳形互感器和万用表组成，如MG28、MG36多用钳形表，当拔出互感器连接线时，可作万用表使用，此时钳口不起作用。

练习与思考

（1）电磁系测量机构是利用载流线圈的磁场对动铁片产生的________力或________力而制成的。其阻尼力矩由________器产生。这种测量机构既可以测量________，也可以测量________。

（2）无论是吸引型的电磁系测量机构还是排斥型的电磁系测量机构，其转动力矩都与线圈电流的________成正比。因而，电磁系仪表的标尺刻度具有________的特性，即前________后________。

（3）电磁系测量机构允许通过直流，也允许通过________，因此电磁系仪表可以直接作为________表来使用。

（4）电磁系仪表不采用________来扩大量限。而是将固定线圈分成________，用金属连接片来改变两段线圈的连接方式。串联时，量限________；并联时，量限________。

（5）电磁系电压表的内阻较________，因而满偏电流较________。

第5章 功率的测量

5.1 电动系测量机构

电动系测量机构是利用两个载流线圈之间的电动力来产生转动力矩的。

5.1.1 结构

图 1-5-1 所示为电动系测量机构。固定线圈（简称定圈）1 由一对相同的线圈组成，以便在它们之间产生比较均匀的工作磁场。可动线圈（简称动圈）2 放在固定线圈的磁场中，它与指针 3、游丝 4、空气阻尼器叶片 5 等一起固定在转轴上，6 为空气阻尼器外盒。

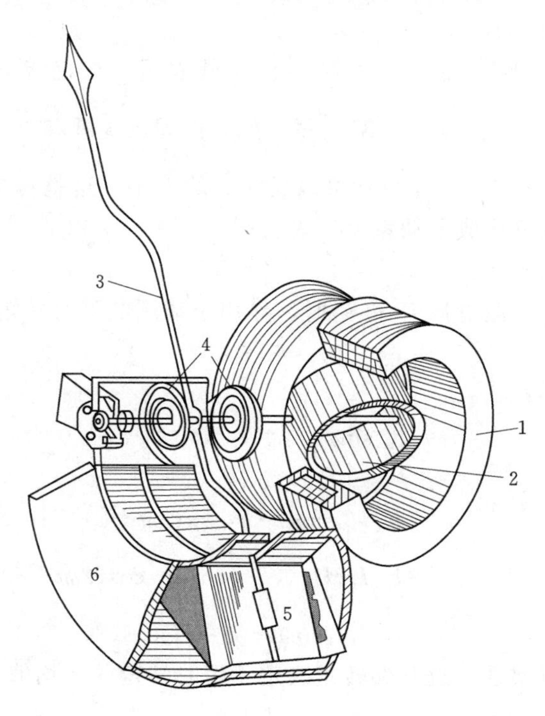

图 1-5-1 电动系测量机构的结构示意图

1—固定线圈；2—可动线圈；3—指针；4—游丝；

5—空气阻尼器叶片；6—空气阻尼器外盒

5.1.2　作用原理

1. 在直流下工作时

当固定线圈和可动线圈分别通过直流电流 I_1 和 I_2 时，I_1 产生的磁场 B_1 对 I_2 产生作用力 F，见图 1-5-2，从而使动圈受力矩作用而转动。转动力矩 M 正比于 I_1 和 I_2 的乘积，即

$$M=K_\alpha I_1 I_2$$

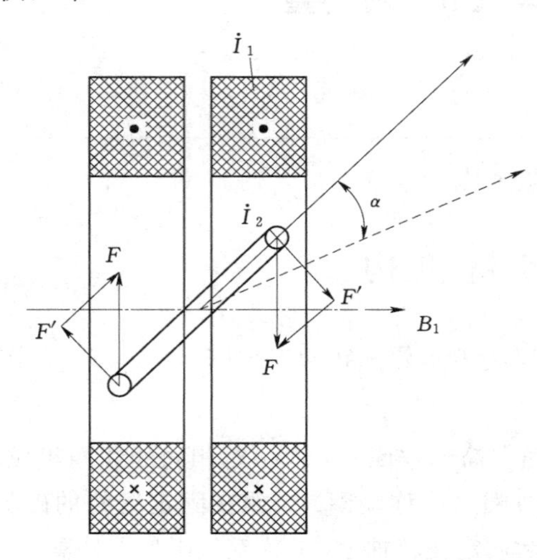

图 1-5-2　电动系测量机构的工作原理

式中，K_α 是与可动部分偏转角 α 有关的系数，一方面是因为 F 的分力 F'（造成转矩的力）随 α 而变化，另一方面也因为固定线圈的磁场不是完全均匀的。所以，电动系测量机构的转矩 K_α 不仅与 I_1 和 I_2 的乘积有关，还与偏转角 α 有关。但适当安排两定圈间的距离、形状，可使 K_α 在一定的偏转角的范围内为一常数。

反作用力矩由游丝产生，转矩与反作用力矩平衡时，有

$$K_\alpha I_1 I_2=D\alpha$$

故

$$\alpha=\frac{K_\alpha}{D}I_1 I_2=KI_1 I_2$$

上式表明，在直流下工作时，偏转角 α 可以衡量 I_1 和 I_2 乘积的大小。其中，$K=\frac{K_\alpha}{D}$。如果把固定线圈和可动线圈串联起来，通过同一电流 I，则 α 与 I^2 成正比，α 也就可以反映 I 的大小，这就构成了电动系电流表。如果再串接附加电阻，也可构成电动系电压表。

2. 在交流下工作时

当定圈和动圈通过交流电流 i_1 和 i_2 时，作用于动圈的瞬时转矩为

$$m=K_\alpha i_1 i_2$$

若

$$i_1=I_{1m}\sin\omega t,\ i_2=I_{2m}\sin(\omega t+\varphi)$$

则

$$\begin{aligned}m&=K_\alpha I_{1m}\sin\omega t\cdot I_{2m}\sin(\omega t+\varphi)\\&=K_\alpha I_{1m}I_{2m}\times\frac{1}{2}[\cos\varphi-\cos(2\omega t+\varphi)]\\&=K_\alpha I_1 I_2\cos\varphi-K_\alpha I_1 I_2\cos(2\omega t+\varphi)\end{aligned}$$

由于可动部分具有惯性，故其偏转角决定于瞬时转矩的平均值 M。显然，有

$$M=K_\alpha I_1 I_2\cos\varphi$$

式中　I_1，I_2——定圈和动圈电流的有效值；

φ——两线圈电流的相位差。

根据平衡条件

$$K_\alpha I_1 I_2 \cos\varphi = D\alpha$$

故

$$\alpha = \frac{K_\alpha}{D} I_1 I_2 \cos\varphi = K I_1 I_2 \cos\varphi$$

上式表明，电动系测量机构工作于交流时，可动部分的偏转角不仅与两线圈电流有效值的乘积成正比，还与这两个电流相位差的余弦成正比。利用这一特性，电动系测量机构可用来制成功率表，测量交流电路的功率。

电动系测量机构的阻尼力矩由空气阻尼器产生。

5.2　电动系仪表的主要技术特性

电动系仪表的主要技术特性如下：

(1) 准确度高。由于电动系仪表测量机构中没有铁磁物质，所以不存在磁滞误差，准确度等级可高达0.1级。

(2) 可交、直流两用。此外，还可用来测量非正弦电流的有效值。

(3) 易受外磁场影响。这是由于内部工作磁场较弱的缘故。

(4) 过载能力差。由于动圈及导引电流的游丝不能通过大电流，故过载能力小。

(5) 标尺刻度不均匀。电动系电流表和电压表的标尺刻度前密后疏，但电动系功率表的刻度是均匀的。

(6) 仪表的功耗大。为了保证足够的励磁安匝数，因此电动系仪表本身消耗的功率比较大。

5.3　电动系电流表和电压表

把电动系测量机构中的固定线圈和可动线圈作适当的连接，并配以一定的元件就构成了电动系电流表和电压表。但为了区别电动系仪表中的固定线圈和可动线圈，在线路图中用圆圈加一粗实线表示固定线圈；用圆圈加一细实线表示可动线圈。

5.3.1　电动系电流表

把电动系测量机构的固定线圈和可动线圈直接串联起来接入被测电路，如图1-5-3所示，就构成了一个最简单的电动系电流表，由于流过固定线圈和可动线圈的电流相等，所以电动系电流表指针的偏转角正比于被测电流的平方，即

$$\alpha \propto I^2$$

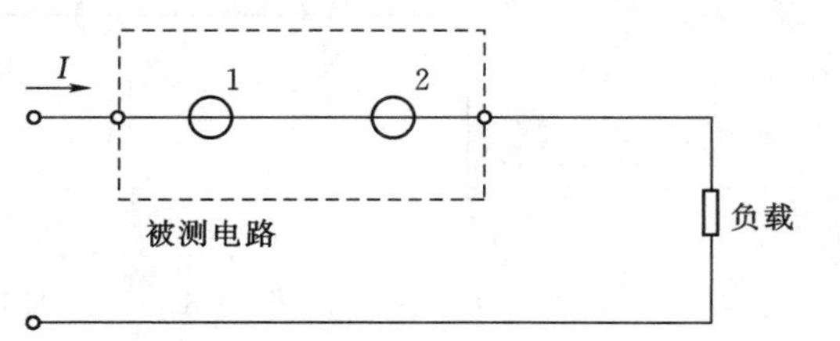

图1-5-3　电动系电流表原理电路

1—固定线圈；2—可动线圈

所以，电动系电流表标度尺的刻度具有平方规律，其起始部分刻度较密，而靠近上量限部分较疏。由于可动线圈电流由游丝导

入，所以这种两个线圈直接串联的电流表只能用于测量0.5A以下的电流。如果测量较大电流，通常是将固定线圈和可动线圈并联，或用分流电阻对可动线圈分流来实现。

电动系电流表通常做成双量程的可携式仪表，通过改变线圈的连接方式和可动线圈的分流电阻可以改变其量程。图1-5-4所示为D26—A型双量程电流表的原理电路。当量程为I时，用连接片将端钮1和2短接，此时可动线圈Q和电阻R_3串联，并被电阻（R_1和R_2）所分流。固定线圈的两个分段Q′和Q″互相串联后再和可动线圈电路串联。当量程为$2I$时，用连接片短路端钮2和3及1和4（如图1-5-4中虚线所示），此时可动线圈Q和电阻（R_1和R_3）串联后被电阻R_2所分流，然后再与固定线圈Q′和Q″的并联电路相串联。

由于测量机构的磁路是空气，磁阻很大，所需的励磁安匝数很大。所以，电动系电流表的线圈匝数不能太少，和电磁系电流表一样，其内阻较大，功率消耗也较大。

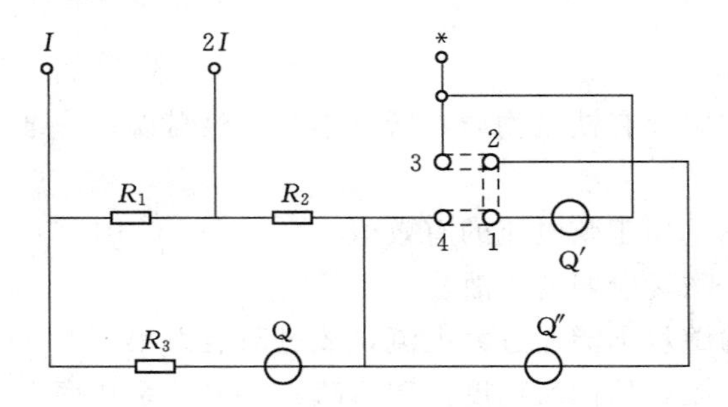

图1-5-4　D26—A型双量程电流表原理电路

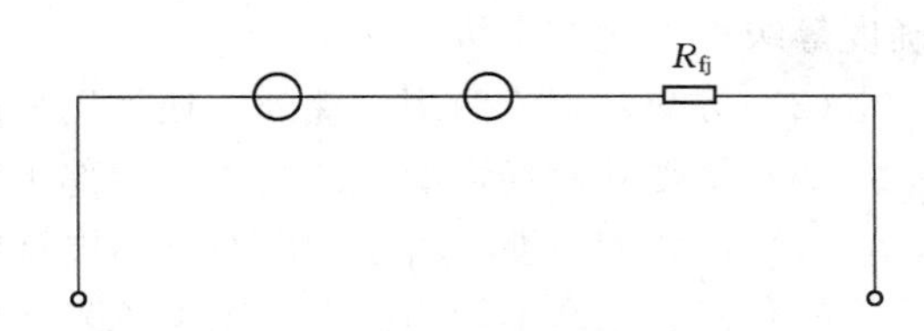

图1-5-5　电动系电压表原理电路

5.3.2　电动系电压表

将电动系测量机构的固定线圈和可动线圈串联后，再和附加电阻串联，就构成了电动系电压表，如图1-5-5所示。由于线圈中电流和加在仪表两端的被测电压成正比，因此仪表的偏转角和被测电压的平方有关，其标尺也具有平方的特性。

电动系电压表一般做成多量程的可携式仪表，通过改变附加电阻值的大小便可以改变其量程，图1-5-6所示为三量程电压表的电路。由于线圈电感的存在，当被测电压的频率变化时，将引起内阻抗的变化而造成误差，但可以通过并联电容的方法来补偿这种误差，图中与附加电阻R并联的电容C就是用来补偿这种频率误差的，故称C为频率补偿电容。当电压表接入频率补偿电容后，可以用于较宽频率范围的测量。

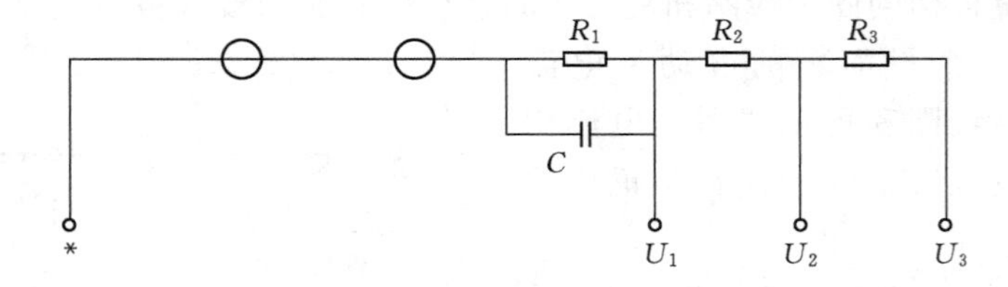

图1-5-6　三量程电压表的测量电路

由于电压表测量时的电流较小，所以电动系电压表的线圈匝数较多；但由于通过测量机构的电流不能太小，所以串联的附加电阻就不能太大，这限制了电动系电压表内阻的提

高，测量时仪表消耗的功率比较大。

5.4 电动系功率表

由于电动系测量机构本身具有相敏特性，因此，它可以构成测量功率用的功率表。功率的测量，在直流电路中应能反映被测电路电压和电流的乘积（$P=UI$）；在交流电路中，还要能反映出被测电路的电压与电流之间的相位差的余弦，即电路的功率因数 $\cos\varphi$（因为在交流电路中 $P=UI\cos\varphi$）。

5.4.1 电动系功率表

电动系测量机构制成功率表时，定圈与负载串联，动圈串接附加电阻 R_d 后与负载并联，如图 1-5-7 所示。

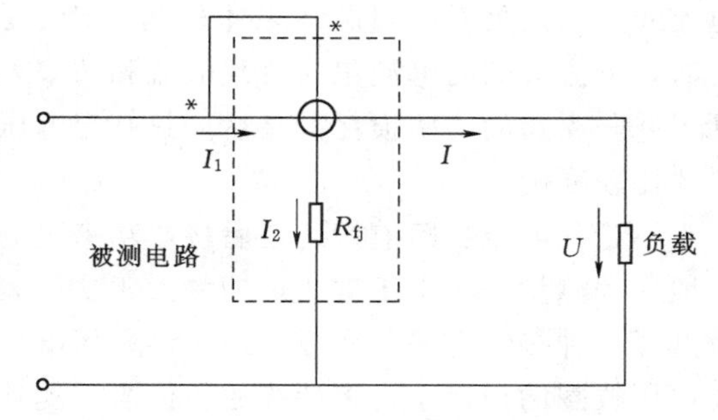

图 1-5-7　电动系功率表的原理电路

功率表用于直流电路时，通过定圈的电流 I_1 是负载电流 I，而通过动圈的电流 I_2 由欧姆定律确定，即

$$I_2=\frac{U}{R_2}$$

式中　U——负载电压；

R_2——动圈电阻 R_2' 和附加电阻 R_d 之和。

仪表的偏转角为

$$\alpha=KI_1I_2=KI\frac{U}{R_2}=K_PP$$

它正比于负载的功率 P。式中系数 $K_P=\dfrac{K}{R_2}$。

功率表用于交流电路时，因附加电阻 R_d 较大，而动圈的感抗可以忽略不计，故动圈支路可看作电阻性电路，其电流为

$$\dot{I}_2=\frac{\dot{U}}{Z}\approx\frac{\dot{U}}{R_2}$$

则 $\dot{I}_2$ 与 $\dot{U}$ 同相位。所以，$\dot{I}_1$ 和 $\dot{I}_2$ 的相位差也就等于负载电流 $\dot{I}$ 和负载电压 $\dot{U}$ 的相位差。

仪表的偏转角可写为

$$\alpha=KI_1I_2\cos\varphi=KI\frac{U}{R_2}\cos\varphi=K_PUI\cos\varphi=K_PP$$

它正比于交流电路消耗的有功功率。

可见，电动系功率表既可用于测量直流功率，也可用于测量交流功率。其标尺直接以功率值刻度，刻度是均匀的。

5.4.2 功率表的正确接线

功率表的定圈通过负载电流，所以又称电流线圈。动圈和附加电阻串联在一起，承受

负载电压，所以又称电压线圈，动圈支路亦称电压支路。电流线圈和电压支路各有两个端钮引出，由于两个线圈中电流的方向关系到仪表转矩的方向，为不使指针反偏转，需要标明两线圈中使指针正向偏转的电流“流入”端，通常以符号“*”或“±”标志。接线时，要把标有此符号的两个端钮接在电源的同一极性上，这个接线规则称为“电源端”或“发电机端”规则，标有“*”或“±”的端钮也因此称为“电源端”或“发电机端”。

图1-5-8画出了功率表的两种正确接线方式。图1-5-8（a）所示为电压线圈前接方式，这样连接时，电压支路两端的电压为功率表电流线圈的压降和负载电压之和，因而功率表的读数反映的是负载功率与电流线圈消耗功率之和。显然，只有当负载电阻远大于电流线圈的内阻时，测量结果才较为准确。图1-5-8（b）所示为电压线圈后接方式，这时，电流线圈的电流包括负载电流和功率表电压支路电流两部分，功率表的读数也就包括了并联支路的功率损耗。显然，只有当电压支路的电阻远大于负载电阻的时候，测量结果才比较准确。

不论是电压支路前接还是后接，功率表的读数中都包含表耗而比实际值有所增大。在一般工程测量时，由于被测量功率大于功率表的损耗，因而表耗可不予考虑，于是可以任意选择一种接线方式。实际应用中多采用电压线圈前接的方式，这是因为电流线圈的损耗比电压线圈的损耗小得多的缘故。但当被测功率很小或需精密测量时，就不能忽略仪表损耗的影响，这时应根据功率表的损耗值对读数进行校正，即从读数中减去仪表损耗的功率，表耗可由表盘上显示的电压支路和定圈的电阻值来算。

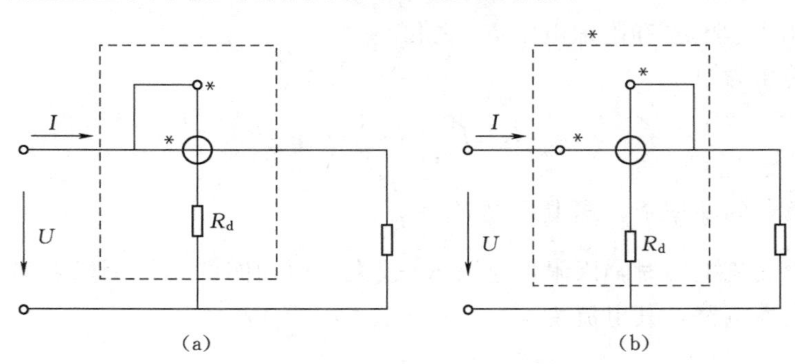

图1-5-8　功率表的两种接线

（a）电压线圈前接；（b）电压线圈后接

图1-5-9所示为两个线圈都接反的情形。从电流的流向看，不会使指针反偏，但此时动圈支路的电压绝大部分都降落在附加电阻 R_d 上，因而电流线圈和电压线圈之间的电位差几乎等于负载电压，在它们之间会造成一个很强的电场，从而引起附加误差，又可能导致线圈绝缘的击穿，这在测量中是不允许的。

测量功率时，有时会发生指针反向偏转的现象（如用两表法测三相功率时），这时，需要将该表的电流线圈的两个端钮对调（切忌互换电压支路的端钮）。有的功率表有“+”、“-”换向开关（图1-5-10），改变换向开关的极性，可使电压线圈换接，但并不改变附加电阻的位置，所以不会发生图1-5-9所示的情况。

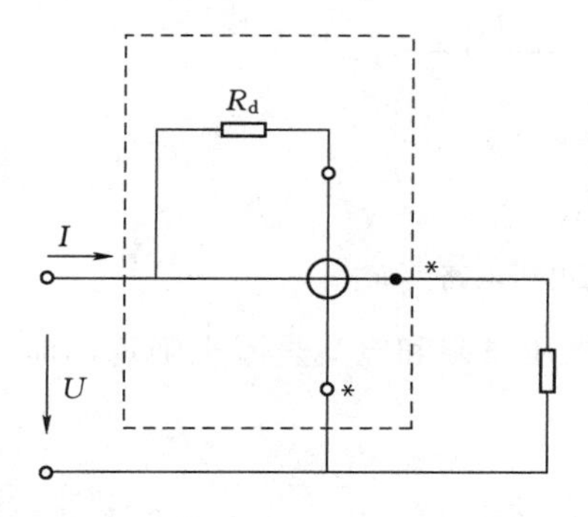

图 1-5-9　功率表的错误接线

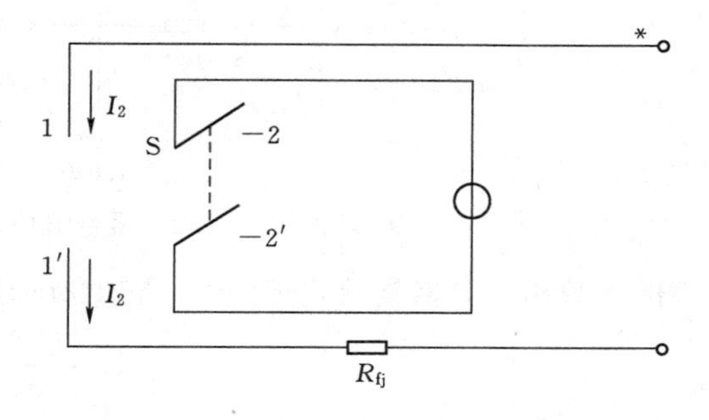

图 1-5-10　功率表换向开关的原理电路

5.4.3　功率表量限的选择

1. *功率表的量限*

功率表的量限由电压量限和电流量限来确定。电压量限即功率表电压支路的额定电压，电流量限即功率表串联电路的额定电流。而功率表的量限等于电压量限与电流量限的乘积。例如，一只功率表的量限为 300V、2A，则可测量的最大功率为 300V×2A=600（W），可用于 $U\leqslant 300V$、$I\leqslant 2A$ 的电路中。

【例 1-5-1】 有一感性负载，$P=400W$、$U=220V$、$\cos\varphi=0.8$，今需测其实际消耗的功率，能否选用量限为 300V、2A 的功率表？

解　负载电流为

$$I=\frac{P}{U\cos\varphi}=\frac{400}{220\times0.8}=2.27(A)$$

超过功率表的电流量限 2A，故不能选用，而应选用量限为 300V、2.5A 或 250V、2.5A 的功率表。

所以在选择功率表时，实际上是在选择功率表的电流量限和电压量限，被测电路的电流和电压不能超过电流量限和电压量限。实际测量时，为保护功率表，常接入电流表和电压表，以监视被测电路的电流和电压。

功率表的电流量限，可以通过定圈两部分的串、并联换接来加以改变。图 1-5-11 表示用金属连接片来改变电流量限的方法，图 1-5-11（a）是低量限（串联连接），图 1-5-11（b）是高量限（并联连接）。

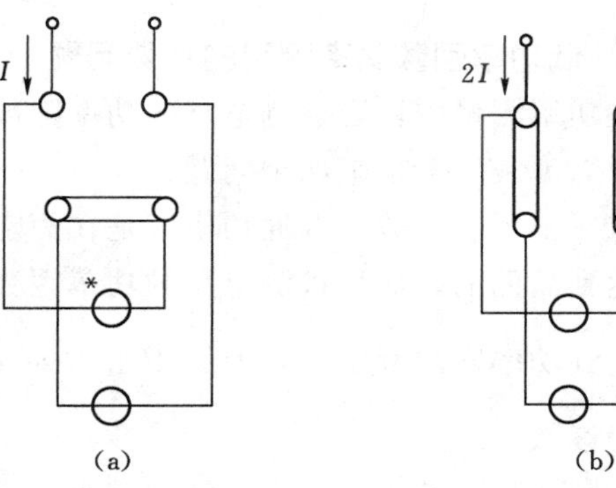

图 1-5-11　用连接片的不同连接改变功率表的电流量程
（a）电流线圈的串联（低量限）；
（b）电流线圈的并联（高量限）

功率表的电压量限是通过电压线圈串联不同的附加电阻来加以改变的，图 1-5-12 所示为具有 3 个电压量限的功率表的电压支路。

2. *功率表的读数*

便携式功率表通常是多量限的，因而标尺只标出分格数，而不标明瓦数。每一分格

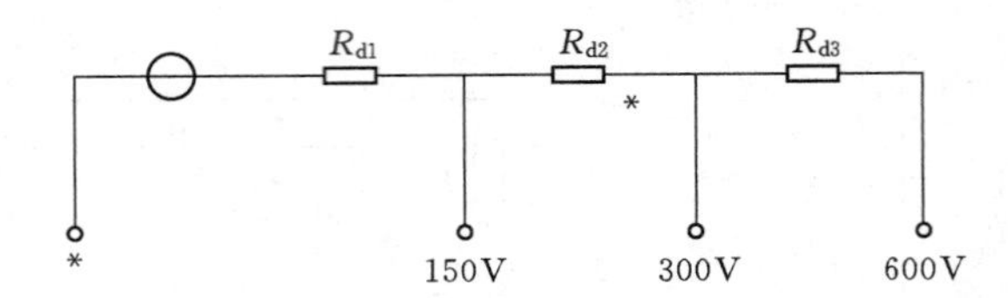

图1-5-12　多量限功率表的电压电路

所代表的瓦数称为分格常数，记为C，它由所选用的电压量限和电流量限来确定，即

$$C=\frac{U_e I_e}{a_e}$$

式中　U_e——功率表的电压量限或额定电压；

I_e——功率表的电流量限或额定电流；

a_e——功率表标尺的满刻度格数。

测量时，读出指针的偏转格数a，就可求得被测功率值，即

$$P=Ca$$

【例1-5-2】　选用一只量限为300V、1A，满刻度格数为150div（格）的功率表，测量时指针偏转60div，求被测功率值。

解　分格常数为

$$C=\frac{U_e I_e}{a_e}=\frac{300\times1}{150}=2(\text{W/div})$$

被测功率值

$$P=Ca=2\times60=120(\text{W})$$

开关板式功率表制成单量限的，其电压量限为100V，电流量限为5A。它与电压互感器和电流互感器配套使用。为了读数方便，其标尺按实际功率的瓦数刻度。

5.5　低功率因数功率表简介

5.5.1　低功率因数功率测量的特殊问题

在功率测量中，当被测电路的功率因数很低时，如测量铁芯线圈的功率损耗，如果使用普通功率表，会带来两个问题：

（1）不便于读数。普通功率表是在额定电压、额定电流和额定功率因数$\cos\varphi=1$的情况下达到满偏的。如果被测电路的功率因数很低，如$\cos\varphi=0.1$，则即使负载的电压和电流都达到功率表的额定值，但因$P=UI\cos\varphi=0.1UI$，指针的偏转也只有满偏的$\frac{1}{10}$，所以不便于读数。

（2）测量误差大。由于指针偏转小，相对误差就增大，且由于转动力矩小，仪表的角误差和摩擦力矩等对测量结果的影响相对变大，会造成不容许的误差。

可见，如用普通功率表来测量低功率因数电路的功率，不但会造成读数困难，而且更为重要的是不能保证测量的准确性。因此，测量低功率因数电路的功率时必须采用专门的低功率因数功率表。

5.5.2 低功率因数功率表

低功率因数功率表是专门用来测量低功率因数电路功率的一种仪表，其工作原理和普通功率表基本相同。但是，为了解决小功率下的读数问题，其标尺应按较低的额定功率因数（通常 $\cos\varphi_e$ 取 0.1 或 0.2）来刻度。例如，在额定电压、额定电流和额定功率因数 $\cos\varphi_e=0.1$ 的情况下，指针就达到满偏。这样，与普通功率表相比，在同样的功率下，指针的偏转扩大了 9 倍，这就要求仪表应有较高的灵敏度。

低功率因数功率表的表面都标明了额定的功率因数，如 $\cos\varphi_e=0.1$、$\cos\varphi_e=0.2$。要注意，仪表的额定功率因数并非负载的功率因数，而是在额定电压和额定电流下能使仪表的指针作满偏转的功率因数。若负载的实际功率因数大于仪表的额定功率因数，即使电压和电流未达到各自的量限，而指针却可能已超过满度。

低功率因数功率表的分格常数为

$$C=\frac{U_e I_e \cos\varphi_e}{a_e}$$

被测功率仍由式 $P=Ca$ 来计算。

【例 1-5-3】 一低功率因数功率表 $\cos\varphi_e=0.2$，$a_e=150\text{div}$，选用的量限为 300V、1A。求分格常数。

解
$$C=\frac{300\times1\times0.2}{150}=0.4(\text{W/div})$$

同时，为了在较小的转矩下保证仪表的准确度，在仪表的结构上还要采取以下几种误差补偿措施。

1. 采用补偿电容以消除角误差

上节讨论功率表的转矩公式 $M=KUI\cos\varphi=KP$ 时，是在假设动圈为电阻性，即动圈电流 $\dot{I}_2$ 与端电压 $\dot{U}$ 同相的前提下得出。实际上，由于动圈有电感，因而 $\dot{I}_2$ 滞后于 $\dot{U}$ 一个 δ 角，见图 1-5-13。所以 $\dot{I}_1$ 和 $\dot{I}_2$ 的相位差 ψ 不等于 φ，而等于 $\varphi-\delta$。功率表的实际转矩不等于 $KUI\cos\varphi$，而等于 $KUI\cos(\varphi-\delta)$。因此，功率表的读数与实际功率之间存在误差，这个误差因 δ 的存在而引起，故称角误差。

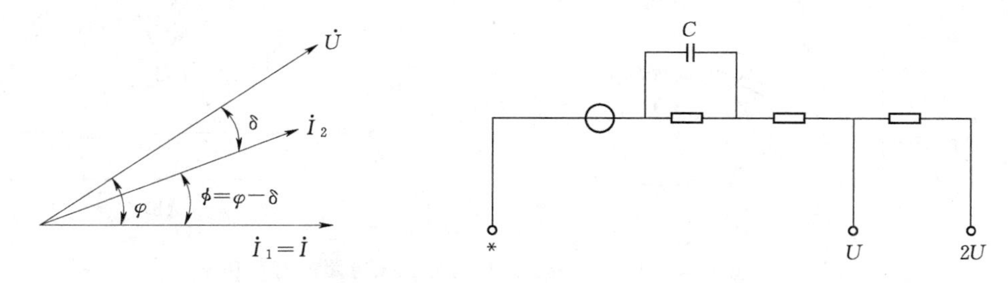

图 1-5-13 考虑动圈有电感时的相量图　　图 1-5-14 带有补偿电容的低功率因数功率表

角误差的大小随负载功率因数的减小而增大，故测量低功率因数的功率时，角误差就不容忽视。D34—W 型低功率因数功率表是利用一个补偿电容 C 与附加电阻并联，如图 1-5-14 所示，以补偿电压支路的感抗，使电压支路由电感性变为电阻性，从而消除角误差。

2. 采用带光标指示的张丝结构

用张丝支承代替轴承，可减小摩擦误差。用光标指示代替指针，可提高仪表的灵敏度。这样，在较小转矩下工作时，仍可获得足够的测量准确度，如D37—W型低功率因数功率表就采用了这种结构。

低功率因数功率表的使用方法与普通功率表相同，接线时同样应遵守“发电机端”规则。最后要指出，不要随便把低功率因数功率表当作普通功率表来使用，以免出现电压和电流不超过量限，而功率超过量限的情况。

5.6 三相有功功率的测量

三相交流电路在实际工程上应用很广，因此对三相交流电路进行功率测量尤为重要。根据被测三相电路的性质，并按照一定的测量原理就可构成三相功率表。下面先介绍三相功率的测量方法，然后再介绍各种用途的三相功率表。

5.6.1 三相功率的测量方法

三相交流电路按电源和负载的连接方式不同，分为三相三线制和三相四线制两种系统，而每一种系统在运行时又有以下几种情况：三相交流电路分为完全对称电路（电源对称、负载对称）和不对称电路，而不对称电路又分为简单不对称电路（电源对称、负载不对称）和复杂不对称电路（电源和负载都不对称）。

依三相交流电路特点不同，其测量方法也不同，具体测量方法如下：

（1）用一表法测量对称三相电路的有功功率。即利用一只单相功率表直接测量三相四线制完全对称的电路中任意一相的功率，然后将其读数乘以3，便可得出三相交流电路所消耗的总功率，如图1-5-15（a）所示。

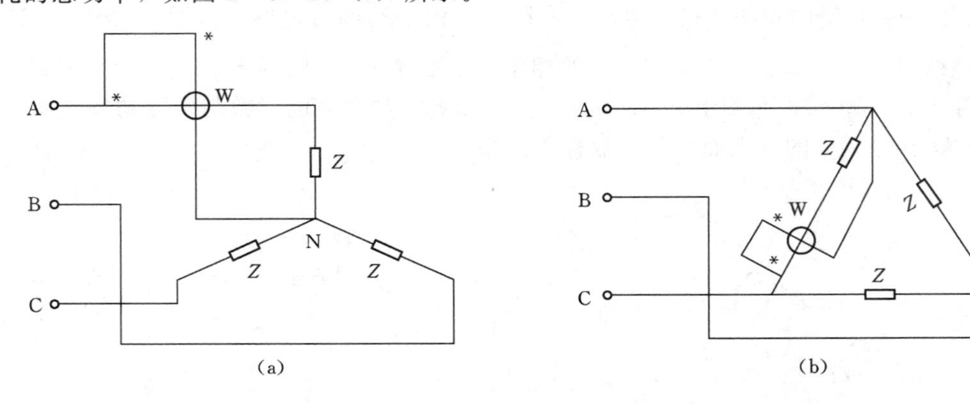

图1-5-15 一表法测量对称三相电路的有功功率

（a）Y对称负载的接法；（b）Δ对称负载的接法

对于三相三线完全对称电路来说，则可按图1-5-15（b）所示的接线方式进行测量；但如果被测电路的中点不便于接线，或负载不能断开时，则应按图1-5-16所示的线路进行测量。图中，电压支路的非发电机端所接的是人工中点，即该人工中点是由两个与电压支路阻抗值相同的阻抗接成星形而形成的。

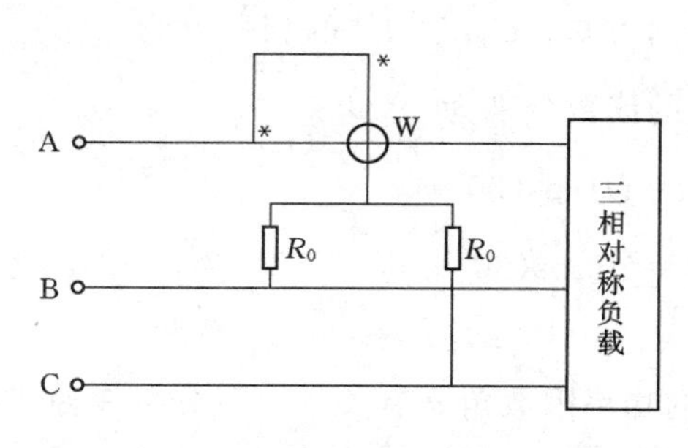

图1-5-16　应用人工中点的一表法接线

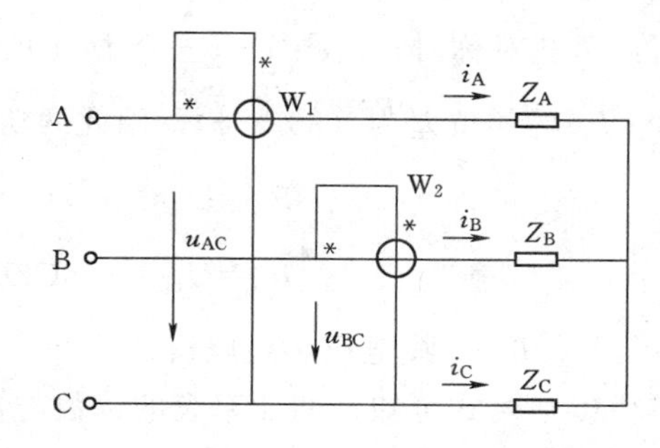

图1-5-17　两表法测量三相功率的电路

(2) 用两表法测量三相三线制的有功功率。在三相三线制电路中，不论其电路是否对称，都可以用图1-5-17所示的两表法来测量它的功率（也可以测量电能）。

功率表 W_1 和 W_2 的电流线圈分别串接于A线和B线，流过的电流分别为 $\dot{I}_A$ 和 $\dot{I}_B$；电压支路分别接于A、C线及B、C线，所接电压分别为 $\dot{U}_{AC}$ 和 $\dot{U}_{BC}$。这样，功率表 W_1 和 W_2 的读数应为

$$P_1=U_{AC}I_A\cos(\dot{U}_{AC}\dot{I}_A)$$

$$P_2=U_{BC}I_B\cos(\dot{U}_{BC}\dot{I}_B)$$

式中　$\dot{U}_{AC}\dot{I}_A$，$\dot{U}_{BC}\dot{I}_B$——$\dot{U}_{AC}$ 和 $\dot{I}_A$ 之间以及 $\dot{U}_{BC}$ 和 $\dot{I}_B$ 之间的相位差角。

因为有功功率是瞬时功率的平均值，两功率表读数之和 $P=P_1+P_2$ 也就是瞬时功率 $(p_1+p_2=u_{AC}i_A+u_{BC}i_B)$ 的平均值。那么 $(u_{AC}i_A+u_{BC}i_B)$ 的物理意义是什么呢？来看Y连接负载的三相总瞬时功率，即

$$p=u_Ai_A+u_Bi_B+u_Ci_C$$

若为三线制，则有

$$i_A+i_B+i_C=0$$

将

$$i_C=-i_A-i_B$$

代入 p 式可得

$$\begin{aligned} p&=u_Ai_A+u_Bi_B-u_C(i_A+i_B)\\ &=(u_A-u_C)i_A+(u_B-u_C)i_B\\ &=u_{AC}i_A+u_{BC}i_B \end{aligned}$$

可见，$(u_{AC}i_A+u_{BC}i_B)$ 就等于三相总瞬时功率 p。因此两功率表读数之和 (P_1+P_2) 就是三相总瞬时功率 p 的平均值，也就是三相总有功功率 P，即

$$P=P_1+P_2$$

在以上分析中，没有要求电路是否对称，而只要求三相电流满足 $i_A+i_B+i_C=0$ 的关系。因而两表法可应用于对称或不对称的三相三线制电路总有功功率的测量。

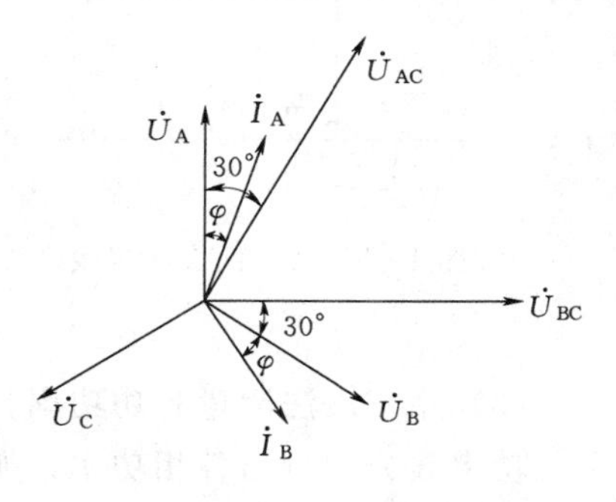

图1-5-18　对称Y连接负载的相量图

当负载对称时，由图1－5－18所示的相量图可知，$\dot{U}_{AC}$和$\dot{I}_A$的相位差为（30°－φ），$\dot{U}_{BC}$与$\dot{I}_B$的相位差为（30°＋φ），因此两功率表的读数分别为

$$P_1=U_{AC}I_A\cos(30°-\varphi)=UI\cos(30°-\varphi)$$

$$P_2=U_{BC}I_B\cos(30°+\varphi)=UI\cos(30°+\varphi)$$

式中　U，I——线电压和线电流。

由以上两式可知，两功率表的读数与负载的功率因数角φ有关，以下分析3种情况：

1）对称三相负载为电阻性，即$\varphi=0$，则$P_1=P_2$，即两功率表读数相等。$P=2P_1$（或$2P_2$）。

2）负载的功率因数$\cos\varphi=0.5$，即$\varphi=\pm60°$，则P_1或P_2之一为零。$P=P_1$（或P_2）。

3）负载的功率因数$\cos\varphi<0.5$，即$|\varphi|>60°$，则两功率表中的一只读数为负值（指针反偏）。为了取得读数，可将该表的极性开关换向，所获读数应取负值。当$\varphi>60°$时，P_2为负值，这时三相有功功率为两表读数之差，即

$$P=P_1+(-P_2)=P_1-P_2$$

所以，三相有功功率应为两只功率表读数的代数和，其中任意一只功率表的读数是没有意义的。

采用两表法时，两表的电流线圈可串接在任意两相上，使其流过线电流。两表的电压支路的“*”端分别与各表电流线圈的“*”端接在一起，另一端则共同接至未串功率表电流线圈的第三相上。图1－5－19所示为两功率表电流线圈串接在A、C相的电路图。

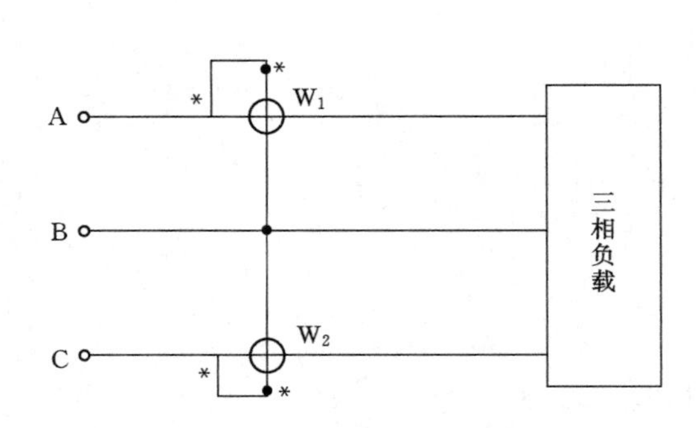

图1－5－19　两表法接线之二

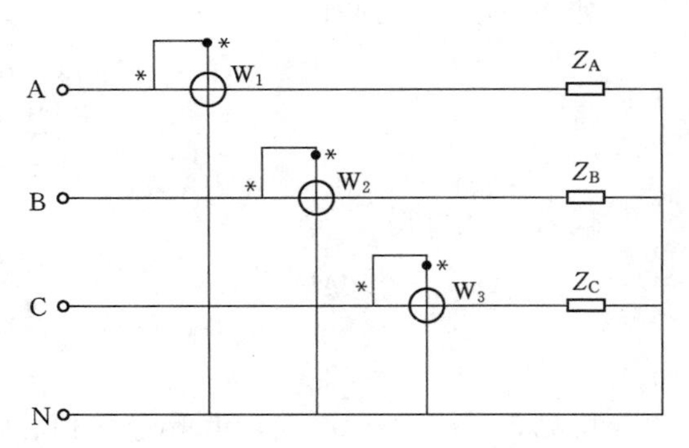

图1－5－20　三表法测量三相四线制电路的有功功率

（3）用三表法测量有功功率。三相四线电路的负载一般是不对称的，因此需要用3只单相功率表分别测出各相功率，如图1－5－20所示，三相总有功功率就等于3只功率表读数之和，即

$$P=P_1+P_2+P_3$$

5.6.2　三相有功功率表

若将两只或 3 只单相功率表的测量机构组合在一起，便可制成三相功率表。二元件三相功率表相当于两只单相功率表，两个可动部分固定在同一转轴上，产生的转矩为两个可动部分转矩的代数和。三元件三相功率表相当于 3 只单相功率表，3 个可动部分共用一转轴。两元件表适用于三相三线制，三元件表适用于三相四线制。

开关板式三相有功功率表大都采用铁磁电动系测量机构。

1. *二元件三相功率表*

根据两表法原理就可构成二元件三相功率表，二元件三相功率表有两个独立的单元，每一个单元就是一个单相功率表，这两个单元的可动部分机械地固定在同一转轴上。因此用这种仪表测量时，其读数取决于这两个独立单元共同作用的结果。这种二元件三相功率表适合于测量三相三线制交流电路的功率。二元件三相功率表的内部线路如图 1－5－21 所示。它的面板上有 7 个接线端钮，如图 1－5－22 所示。

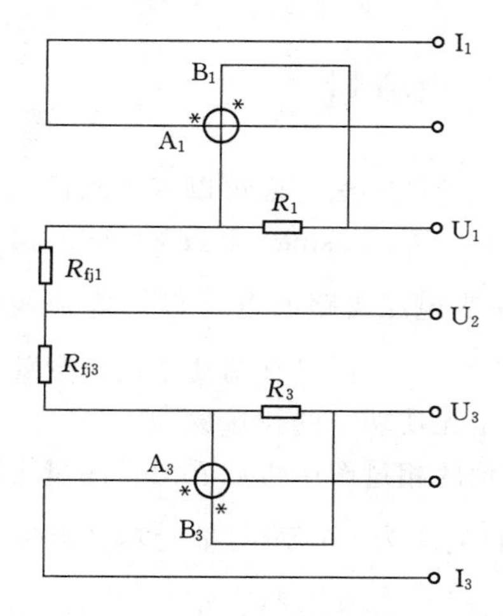

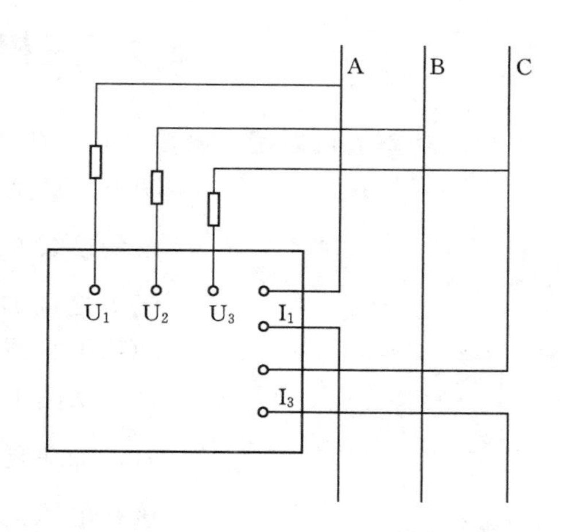

图 1－5－21　二元件三相功率表的内部接线

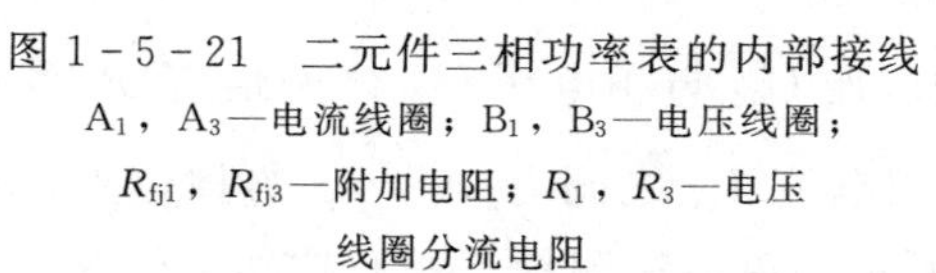

A_1，A_3—电流线圈；B_1，B_3—电压线圈；R_{fj1}，R_{fj3}—附加电阻；R_1，R_3—电压线圈分流电阻

图 1－5－22　二元件三相功率表的接线方法

接线时应遵循下列两条原则：①两个电流线圈 A_1、A_3 可以任意串联接入被测三相三线制电路的两线；②使通过线圈的电流为三相电路的线电流，同时应注意将“发电机端”接到电源侧。两个电压线圈 B_1、B_3 通过 U_1 端钮和 U_3 端钮分别接至电流线圈 A_1 和 A_3 所在的线上，而 U_2 端钮接至三相三线制电路的另一线上。

2. *三元件三相功率表*

三元件三相功率表是根据三表法的原理构成的，它有 3 个独立的单元，每一单元就相当于一个单相功率表，3 个单元的可动部分都装在同一转轴上，因此它的读数就取决于这 3 个单元的共同作用。三元件三相功率表适用于测量三相四线制交流电路的功率。

三元件三相功率表的面板上有 10 个接线端钮，其中电流端钮 6 个、电压端钮 4 个。接线时应注意将接中性线的端钮接至中性线上；3 个电流线圈分别串联接至 3 根相线中；

而 3 个电压线圈分别接至各自电流线圈所在的相线上，如图 1－5－23 所示。

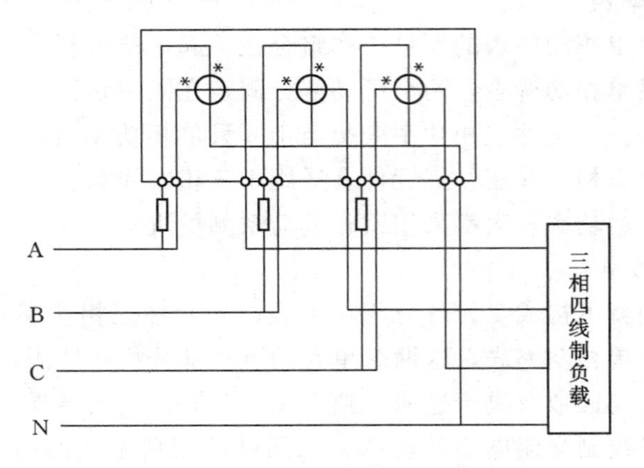

图 1－5－23　三元件三相功率表的接线方法

5.7　三相无功功率的测量

单相功率表可以用来测量三相有功功率，如改变接线方法，还可以用来测量三相无功功率。这是因为无功功率 $Q=UI\sin\varphi=UI\cos(90°-\varphi)$，如果改变接线方式，使功率表电压支路的电压 $\dot{U}$ 与电流线圈的电流 $\dot{I}$ 之间的相位差为 $90°-\varphi$，这时有功功率的读数就是无功功率了。图 1－5－24 是无功功率的测量原理。

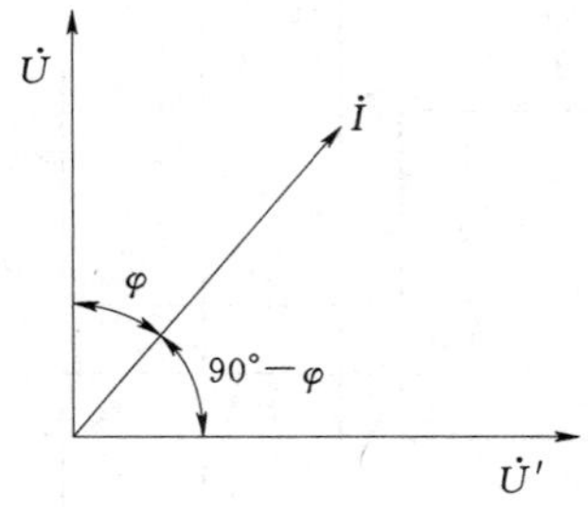

图 1－5－24　无功功率的测量原理

从图 1－5－24 所示的相量图中可以看出，测量有功功率时，加在电压支路上的电压为 $\dot{U}$，而测量无功功率时，就应该在电压支路上加上电压 $\dot{U}'$。在对称三相电路中，由电路基础的知识可知，线电压 $\dot{U}_{BC}$ 与相电压 $\dot{U}_A$ 之间恰有 90° 的相位差，也就是 $\dot{U}_{BC}$ 与相电流 $\dot{I}_A$ 之间有 $90°-\varphi$ 的相位差，如图 1－5－25（b）所示。如果将图 1－5－25（a）所示的单表法测量三相有功功率的线路中单相功率表的接线改为图 1－5－26 所示的电路，则加在电压支路上的电压 $\dot{U}_{BC}$，它正好与 A 相中的线电流 $\dot{I}_A$ 相差 $90°-\varphi$，此时，功率表的读数为

$$Q'=U_{BC}I_A\cos(90°-\varphi)=U_{BC}I_A\sin\varphi$$

而三相电路的无功功率为

$$Q=\sqrt{3}UI\sin\varphi$$

比较上两式可知，只要把上述功率表的读数 Q' 乘以 $\sqrt{3}$，就得到对称三相电路的总无功功率了。

在实际的三相电路中，其负载往往不对称，因此无法采用图 1－5－26 所示的电路进行测量，需采用其他的测量方法。三相电路无功功率的测量方法很多，这里介绍最常用的两种。

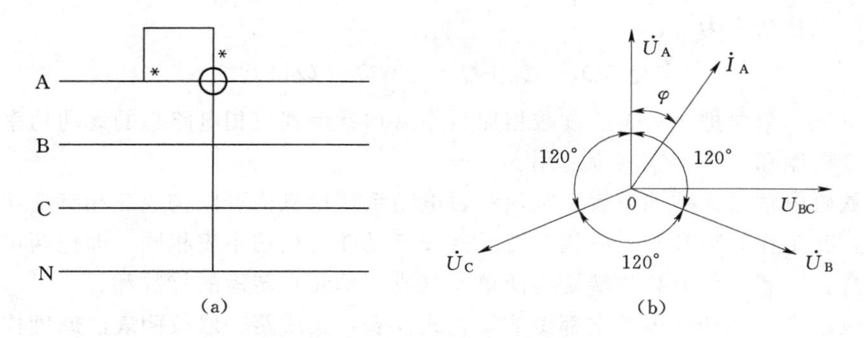

图 1-5-25　测量三相有功功率的接线图和相量图

(a) 接线图；(b) 相量图

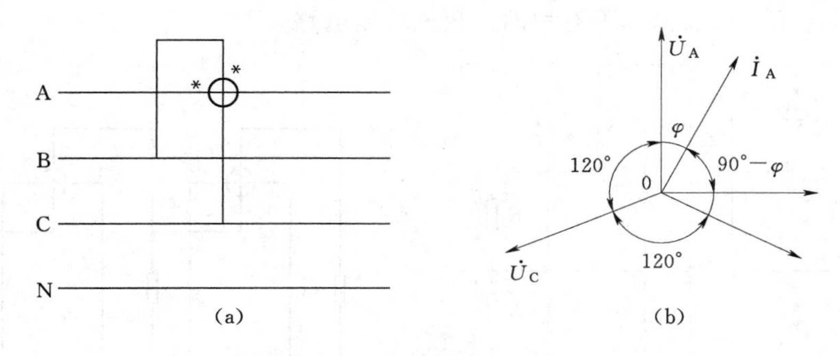

图 1-5-26　测量三相无功功率的接线图和相量图

(a) 接线图；(b) 相量图

(1) 用 3 只有功功率表测量三相无功功率。接线如图 1-5-27 所示。

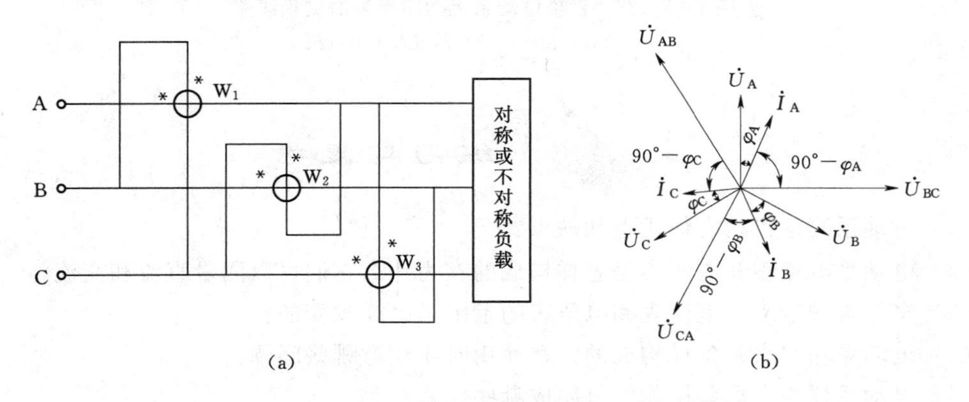

图 1-5-27　3 只有功功率表测量三相无功功率

(a) 接线图；(b) 相量图

此方法中，每一只单相功率表所测得的无功功率分别是

$$Q_1 = U_{BC} I_A \cos(90° - \varphi) = \sqrt{3} U_A I_A \sin\varphi = \sqrt{3} Q_A$$

$$Q_2 = U_{CA} I_B \cos(90° - \varphi) = \sqrt{3} U_B I_B \sin\varphi = \sqrt{3} Q_B$$

$$Q_3 = U_{AB} I_C \cos(90° - \varphi) = \sqrt{3} U_C I_C \sin\varphi = \sqrt{3} Q_C$$

故总的无功功率为

$$Q=Q_A+Q_B+Q_C=\sqrt{3}(Q_1+Q_2+Q_3)$$

由此可见，只要把3只表的读数相加后除以$\sqrt{3}$就得到三相电路总的无功功率。这一结论对三相三线制和三相四线制都适用。

(2) 铁磁电动系无功功率表。利用铁磁电动系测量机构可以构成三相有功功率表或无功功率表，其工作原理和基本结构与二元件或三元件三相功率表相同，即把两单元（或三单元）组合在一起，仪表总的转矩为两单元（或三单元）转矩的代数和。

铁磁电动系无功功率表通常都做成安装式仪表，其线路一般按两表法原理构成，常见的有两种线路：一种为两表跨接法：另一种为两表人工中点法，其线路如图1-5-28所示。其中两表跨相法无功功率表只适用于对称的三相三线制交流电路；而两表人工中点法无功功率表可用于对称及简单不对称的三相三线制电路。

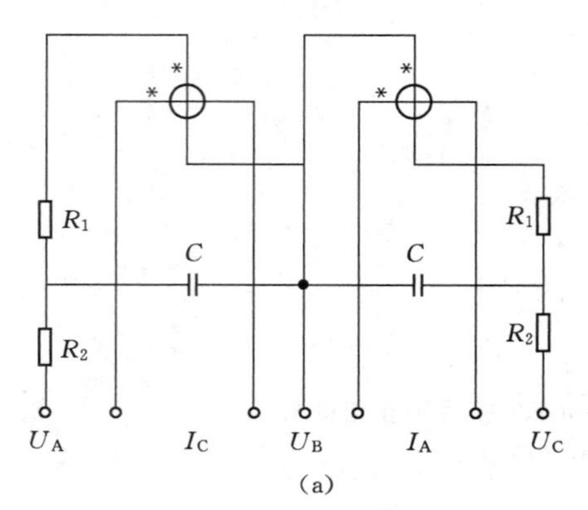

(a)

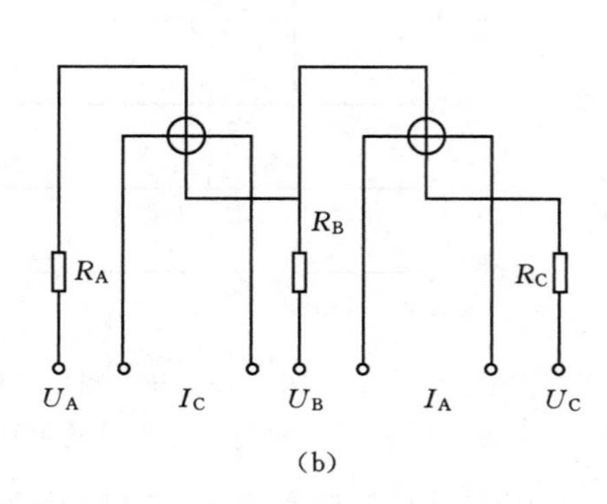

(b)

图1-5-28　铁磁电动系无功功率表的测量线路

(a) 两表跨接法；(b) 两表人工中点法

练习与思考

(1) 电动系测量机构有何优点和缺点？

(2) 电动系电流表和电压表是怎样构成的？为什么它们可以测量直流和交流？

(3) 多量限的电动系电流表和电压表的量限是怎样改变的？

(4) 电动系功率表是怎样构成的？在使用时应注意哪些问题？

(5) 电动系仪表有哪些用途？可制成哪些仪表？

(6) 电动系测量机构工作于直流时，指针的偏转角α正比于两线圈电流的________。工作于交流时，指针的偏转角α与两线圈电流________值的乘积成正比，还与这两个电流相位差的________成正比。

(7) 电动系功率表既可测量________功率，也可测量________功率，其标尺刻度是________。

(8) 功率表接线时，要把两线的“*”端（发电机）接在________的同一极性上。

(9) 功率表电压线圈前接适用于________电阻远大于功率表________线圈电阻的情形；电压线圈后接适用于________支路的电阻远大于________电阻的情形。

(10) 功率表出现指针反向偏转时，应将________线圈的两个端钮对调。

(11) 功率表标尺的每一分格所代表的瓦特数称为________，用符号________表示。

(12) 两表法可应用于对称或不对称的三相________线制电路的有功功率的测量。若三相对称负载为电阻性，则两表读数________，若负载的功率因数等于________，则有一只功率表的读数为负数。

(13) 三表法应用于测量三相________线电路的有功功率。

(14) 两表法测三相功率如图 1-5-19 所示连接时，表 W_1 和 W_2 的读数分别为 $P_1=UI\cos$ ________、$P_2=UI\cos$ ________。当负载的功率因数角 $\varphi>60°$时，表________的读数应为负值。

第6章 电能及功率因数的测量

6.1 简　　述

发电厂生产的交流电能，经输配电设备送达用户处，输变电过程中的损耗、发电厂厂用电以及用户所耗用的电能（售电量），都依靠安装电能表来计量。所以电能表的应用是极为广泛的，是电工测量仪表中为数最多的仪表。

电能与功率和时间的关系是

电能＝功率×时间

不论是发电机产生的电能，还是负载消耗的电能，都随时间的增长在不断地增加。测量电能的仪表要能反映电能随时间积累的总和。

6.1.1 电能表的分类

1. 按接通电源的性质分类

可分为交流电能表和直流电能表两大类。交流电能表又分为单相电能表、三相三线有功电能表和三相四线有功电能表等。

2. 按结构原理分类

可分为电气机械式和电子式。电气机械式又分为感应式、电动式和磁电式。感应式应用最普遍，也是本书要介绍的，电动式主要用于测量直流电能。电子式电能表是一种新型电能表，它以数字形式显示测量结果，精度高，适于遥控，但结构复杂、可靠性差、价格贵，因而还不能取代感应式电能表。

3. 按准确度等级分类

可分为普通级（1.0、2.0、3.0 级）和精密级（0.05、0.1、0.2、0.5 级）两大类。精密级电度表主要用作标准电度表。

4. 按使用情况分类

可分为安装式和携带式。

5. 按用途分类

可分为有功电能表、无功电能表、标准电能表、最大需量表、分时计费电能表、损耗电能表和定量电能表等。

6.1.2　电能表的型号和铭牌

1. 型号

国产电度表的型号标准由 3 部分组成，即类别代号＋组别代号＋设计代号。其中：类别代号为 D，表示电能表。组别代号的标志有：D—单相；S—三相三线；T—三相四线；X—无功；B—标准；Z—最大需量；L—打点记录；J—直流等。设计代号用阿拉伯数字表示，如 DD28 表示单相有功电能表 28 型；DS15 表示三相三线有功电能表 15 型；DX8 表示无功电能表 8 型；DBS25 表示三相三线标准电能表 25 型等。

有的电能表在数字标号后注有表示适应环境的文字，其含义是：T—湿热、干热两用；TH—湿热用；G—高原用；H—船用；F—防化腐用。

2. 铭牌标志

铭牌标志除标有名称、型号、绝缘耐压数值及生产厂家、出厂编号、出厂日期以外，还有以下主要标志：

(1) 标定电流和额定最大电流。例如，5(10)A 即标定电流为 5A，额定最大电流为 10A。若额定最大电流小于标定电流 150%时，则只标明标定电流。标定电流是指作为计算负载基数的电流值，电能表在标定电流下工作时误差最小。额定最大电流是指电度表能长期正常工作而误差和温升又在保证范围内的允许最大电流值，一般为标定电流的 1.5～2 倍，单相电能表不低于标定电流的 2 倍，经互感器接入的三相电度表不低于 1.5 倍。国际上电能表的额定最大电流可达标定电流的 6 倍，数字电子式的已达 10 倍以上。倍数越大，负载电流的容许范围越宽，表示电能表的性能越好。

(2) 额定电压。三相电能表额定电压的标注方法是在线电压前乘以相数，如 3×380V，三相四线制电能表应标明线电压和相电压，并以斜线分开，如 3×380/220V。经电压互感器接入式电度表，应标明额定电压 100V，或互感器的一、二次额定变比，如$3\times\frac{6000}{100}$V。

(3) 准确度等级。一般用小圆圈内的数字来表示。如圆圈内的数字为 2.0，则表示准确度等级为 2.0 级，即电能表的相对误差不大于±2%。

(4) 电能表常数。即每千瓦时等于圆盘多少转数，以 C 表示。如 $C=2400$r/(kW·h)。由电度表常数可求出铝盘一转为多少瓦时。例如，DD28 型单相有功电能表铭牌标明 $C=1200$r/(kW·h)，则该表转一圈为$\frac{1}{C}=\frac{1}{1200}\times1000=0.83$(W·h/r)。

6.2　感应系单相电能表

6.2.1　结构

单相感应系电能表是感应系电能表中最简单的一种，也是构成其他感应系电能表的基础。它是由电磁元件、永久磁钢、转动机构以及上下轴承、计数器、支架、底座、表盖、端钮盒、出线罩等部件组成。其结构如图 1-6-1 所示。根据其构成可将电能表分为驱动元件、转动元件、制动元件和积算机构 4 部分。

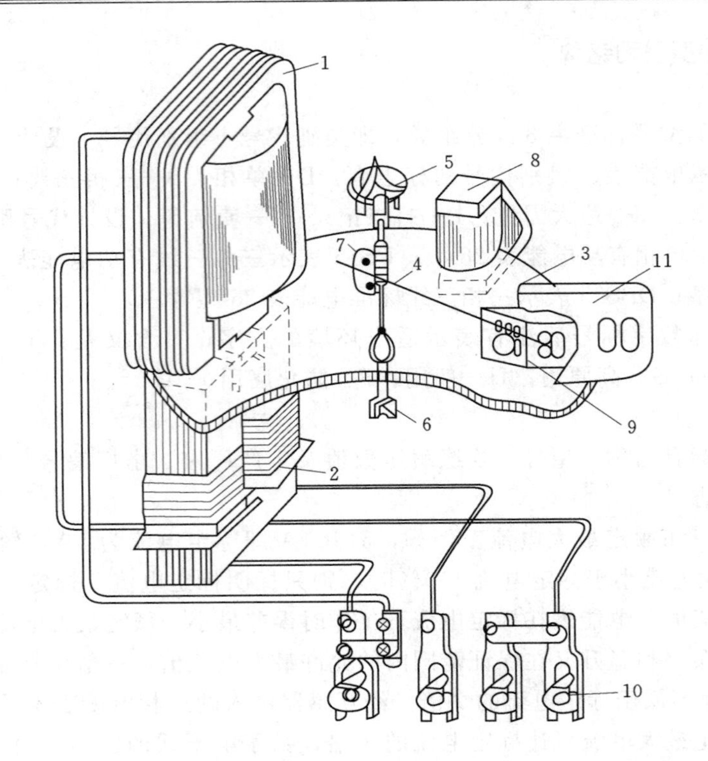

图 1-6-1　感应型三相有功电能表的结构
1—电压铁芯；2—电流铁芯；3—铝盘；4—转轴；5—上轴承；6—下轴承；7—涡轮；
8—制动磁铁；9—计度器；10—接线端子；11—铭牌

1. 驱动元件

驱动元件包括以下两个部件：

(1) 电压部件。电压部件由铝盘上面的Ⅲ形铁芯和绕在中柱上的电压线圈组成，用于产生电压磁通。接线时，电压线圈与被测电路并联，故又称并联电磁铁。由于电压线圈始终处于通电状态，所以铁芯采用薄电工硅钢铁片叠铆而成。电压线圈一般用线径为 0.1～0.15mm 的漆包线绕 8000～14000 匝。电压铁芯上装有由钢板冲制而成的回磁板，其下端伸入铝盘下部，与电压铁芯的中柱上下相对应，以构成穿过铝盘的磁通回路，如图 1-6-2 所示。

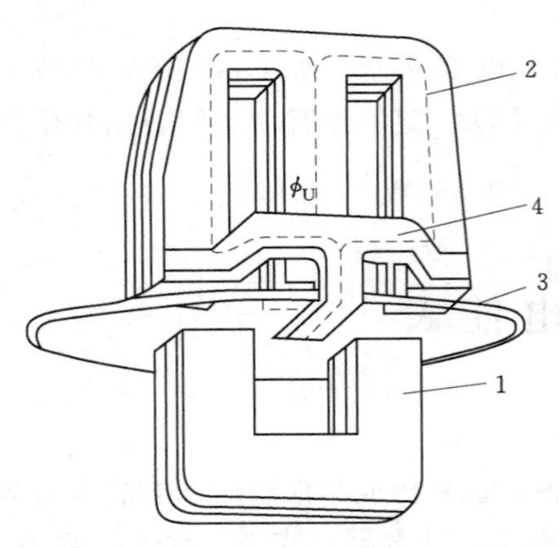

图 1-6-2　电能表的回磁板
1—电流铁芯；2—电压铁芯；
3—铝盘；4—回磁板

(2) 电流部件。电流部件由铝盘下面的 U 形铁芯和绕在其上的电流线圈组成，用来产生电流磁通。接线时与被测电路串联，故又称串联电磁铁。铁芯也采用电工硅钢片叠铆而成。电流线圈的匝数少，导线粗，其线径由最大额定电流的大小而定，匝数由电能表的安匝数除以标定电流来求得。对于同一型号的电能表，电流线圈的安匝数取值相同，

国产电能表为 60～150 安匝。DD28 型单相有功电能表在标定电流为 5A 时，电流线圈共 16 匝，即安匝数为 80。当制成标定电流为 10A 的表时，匝数改为 8 匝。

2. 转动元件

转动元件由铝制圆盘和转轴压铸而成。铝盘位于电压铁芯和电流铁芯之间的气隙中，要求导电好、重量轻，一般用厚度为 0.5～1.2mm 的纯铝板制成，直径为 80～100mm。转轴由合金铝（或铜合金）棒材制成。转轴的上轴承起定心导向作用，由轴针和衬套组成。转轴的下轴承主要承担转动部分的全部重量。过去电能表的下轴承采用钢珠宝石结构，20 世纪 80 年代国际上采用磁悬浮结构。磁悬浮结构是利用磁铁的同极相斥或异极相吸的作用，使铝盘悬浮起来，以消除轴向压力和摩擦力矩，大大提高了电能表的灵敏度和使用寿命。

3. 制动元件

制动元件由永久磁钢和磁轭组成，其作用是在铝盘转动时产生与转动方向相反的制动力矩。当制动力矩与转动力矩平衡时，铝盘便匀速旋转。旋转的速度与负载的功率大小成正比，永久磁钢的结构形式有单极和双极两种，单级的呈 C 形，磁通一次穿过铝盘，双极的呈 U 形，如串联电磁铁一样，磁通两次穿过铝盘，这样可使制动力矩增加很多，目前大都采用双极型。

4. 积算机构

通常称为计数器，它包括转轴上部的涡杆、涡轮及一套齿轮和十字轮，如图 1－6－3 所示。它计算铝盘的转数并变换为被测电能的度数。

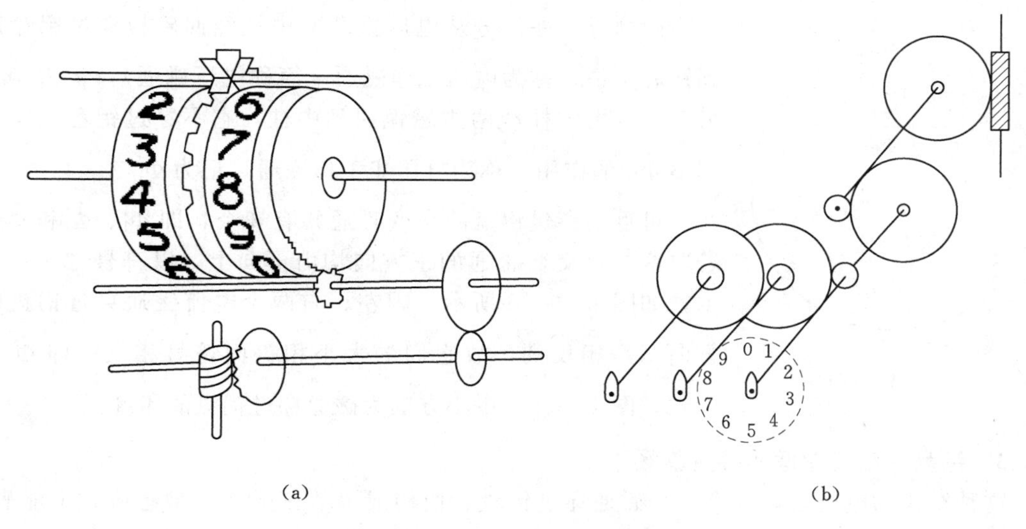

图 1－6－3　计数器

(a) 涡轮式计数器；(b) 指针式计数器

6.2.2　电能表的磁路系统

单相电能表的磁路系统如图 1－6－4 所示。

负载电流 $\dot{I}$ 通过电流线圈时，产生的交变电流工作磁通（简称电流磁通）两次穿过

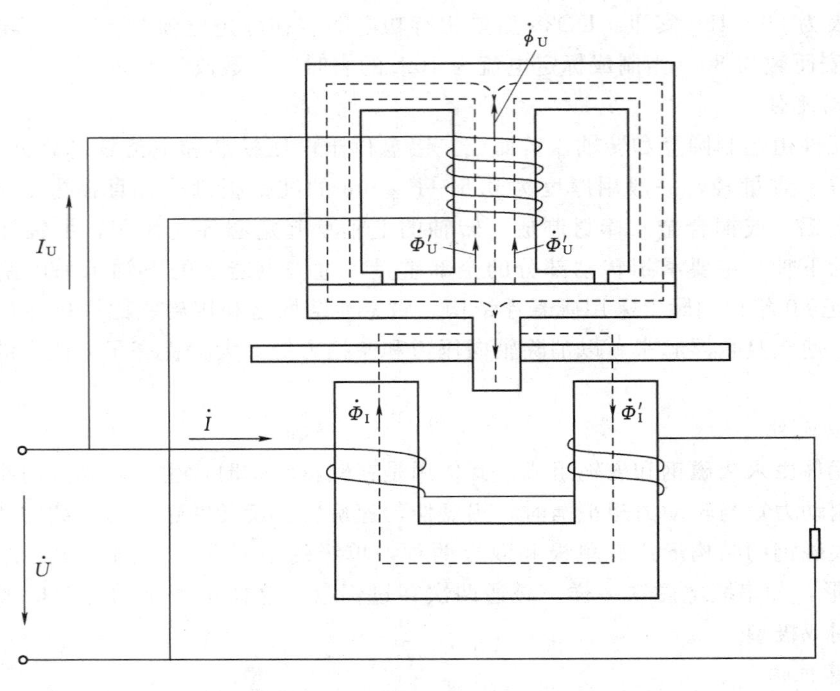

图 1-6-4 单相电能表的磁路系统

铝盘，分别记为 $\dot{\Phi}_I$ 和 $\dot{\Phi}'_I$。电压线圈承受负载电压 $\dot{U}$，线圈中的电流 $\dot{I}_U$ 产生的交变磁通分为两部分。一部分从电压铁芯的中柱经回磁板穿过铝盘回到铁芯中柱，称为电压工作磁通（简称电压磁通），记为 $\dot{\Phi}_U$；另一部分由中柱经两边磁轭回到中柱，它不穿过铝盘，仅起调整 $\dot{\Phi}_U$ 的作用，称为电压非工作磁通，记为 $\dot{\Phi}'_U$。

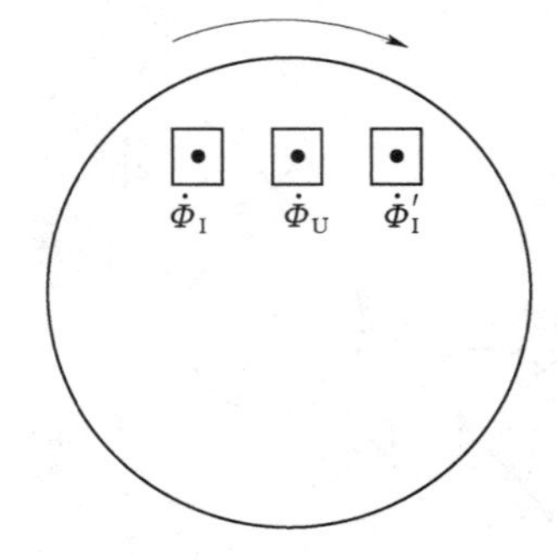

图 1-6-5 磁通的正方向

可见，穿过铝盘的交变磁通共有 3 个，即 $\dot{\Phi}_I$、$\dot{\Phi}'_I$和 $\dot{\Phi}_U$。若取这 3 个交变磁通的正方向均由下向上，以符号“•”表示，如图 1-6-5 所示。因左、右两个电流磁通穿过铝盘的方向总是相反的，故它们的大小相等而符号相反，即 $\dot{\Phi}_I=-\dot{\Phi}'_I$。图 1-6-5 中小方框为磁通穿过铝盘的印迹。

6.2.3 铝盘转动的原理和移进磁场

这种结构的电能表，因有 3 个磁通穿过铝盘，便构成了“三磁通”型感应式电能表。由于 3 个磁通在空间上有不同的位置，在相位上又可能有差别，因而可能形成一个能使铝盘朝一定方向转动的移进磁场。下面分 3 种情况来讨论。

1. 负载为纯电阻

这时负载电流 i 与电压 u 同相位，因电压线圈的感抗远较其电阻为大，故可看做纯电感线圈，其中电流 i_U 滞后于负载电流 i 的角度为 90°，如图 1-6-6（a）所示。不考虑两个铁芯的损耗时，电流磁通 Φ_I 和电压磁通 Φ_U 可以认为分别与电流 i 和 i_U 同相位，故 Φ_U

滞后于 Φ_I 的角度也是 90°，在前述磁通正方向的选择下，3 个磁通 Φ_I、Φ_I'和 Φ_U 的波形如图 1-6-6（b）所示，其中 Φ_I 超前 Φ_U90°，而 Φ_U 超前 Φ_I'90°。

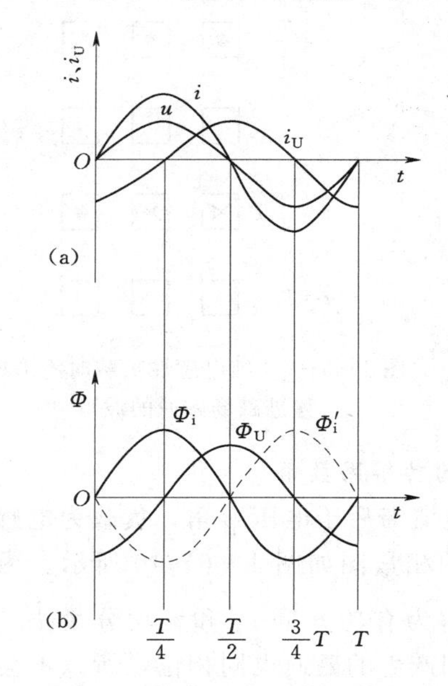

图 1-6-6 电阻负载时线圈电流和磁通的波形

（a）电流的波形；（b）磁通的波形

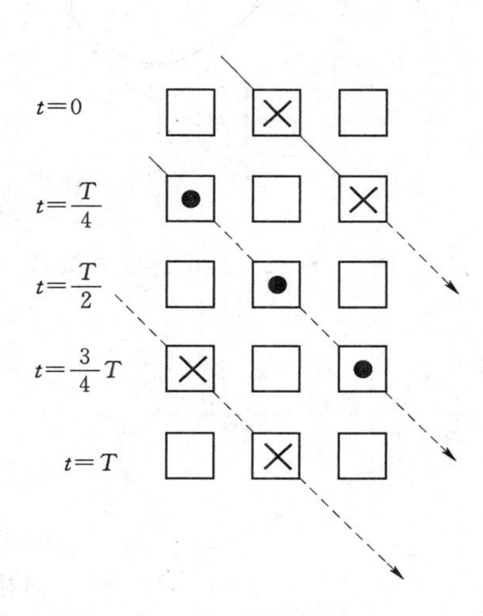

图 1-6-7 移进磁场示意图

当 $t=0$ 时，$\Phi_I=-\Phi_I'=0$，$\Phi_U=-\Phi_U$（幅值），故 Φ_U 的实际方向与正方向相反，即由上向下，在图 1-6-7 中，用符号“×”表示。图中还画出了 $t=\frac{T}{4}$、$\frac{T}{2}$、$\frac{3}{4}T$ 和 T 各时刻 3 个磁通的实际方向。

由图 1-6-7 可见，在一个周期内，随着时间的增长，同方向（同极性）的磁通幅值出现的位置在向右移动，好像铝盘上有磁极（N 极或 S 极）在向右移进。这种朝一个方向移动并在下一个周期又重复变化的磁场，称为移进磁场。

产生移进磁场的条件是，处在两个或两个以上不同位置的磁通，顺着空间位置的次序有一定的相位差。“三磁通”型感应式电度表有 3 个不同位置的磁通，在负载为电阻时，这 3 个磁通的相位差顺着空间位置依次相差 90°，磁场移进的方向为超前磁通指向滞后磁通的方向。

移进磁场在“扫过”铝盘时，铝盘中会产生感应电流——涡流，此涡流与移进磁场相互作用会产生电磁力，就像感应电动机那样，从而推动铝盘旋转，旋转的方向与磁场移进的方向相同，即由超前磁通向滞后磁通的方向旋转。

2. 负载为纯电感

此负载电流 i 滞后于电压 u 为 90°，故 i 与 i_U 同相位，也即 Φ_I 与 Φ_U 同相位，如图 1-6-8 所示。图 1-6-9 画出了 $t=0$、$\frac{T}{4}$、$\frac{T}{2}$、$\frac{3}{4}T$ 和 T 各个时刻磁通的实际方向。可见，当 Φ_I 和 Φ_U 同相位时，不能形成移进磁场。因而，接纯电感性负载时，铝盘不会转动。

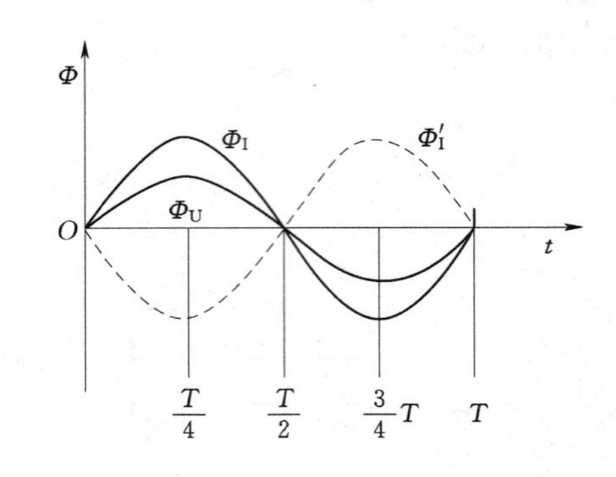

图 1-6-8 纯电感性负载时

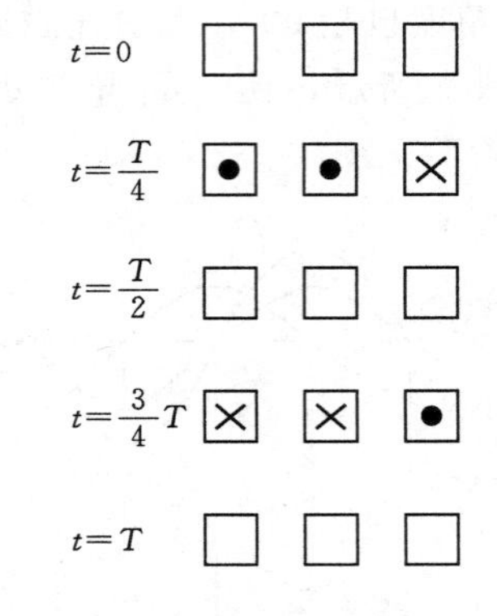

图 1-6-9 纯电感性负载时不形成移进磁场磁通的波形

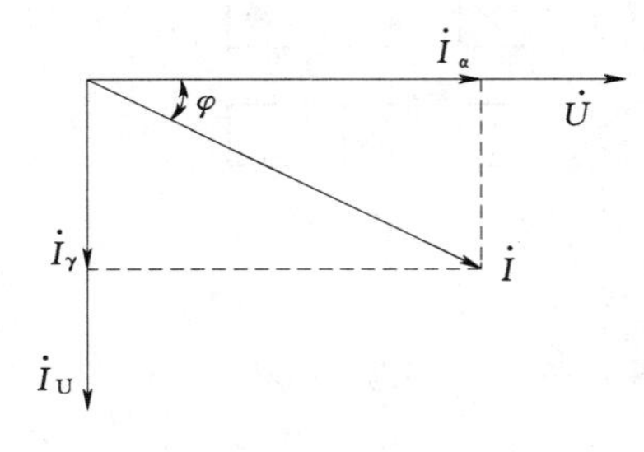

图 1-6-10 电感性电流的分解

3. 负载的功率因数角 φ

即负载电流滞后于电压 φ 角，负载为电感性的，其电压和电流的相量图如图 1-6-10 所示。图中，电感性电流 $\dot{I}$ 分解为有功分量 $\dot{I}_\alpha$ 和无功分量 $\dot{I}_\gamma$，$\dot{I}_\gamma$ 与 $\dot{I}_U$ 同相位，它们产生的磁通也同相位，所以不会形成移进磁场。而 $\dot{I}_\alpha$ 与 $\dot{I}_U$ 垂直，它们产生正交的磁通，所以会形成移进磁场，故铝盘会受力矩的作用而发生转动。

因此，只要负载的功率因数角 $|\varphi|<90°$，也即存在电流的有功分量，就会形成移进磁场，铝盘就会转动。

6.2.4 铝盘转矩与负载功率的关系

以上定性地说明了铝盘转动的原因和旋转方向。下面分析铝盘所受的转矩与负载功率的关系。

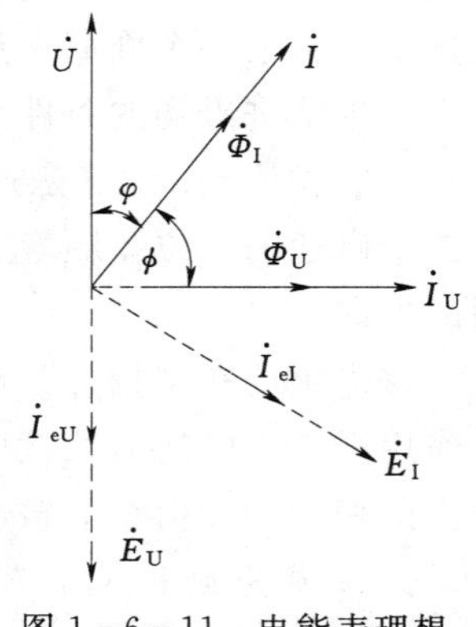

图 1-6-11 电能表理想情况时相量图

先来分析穿过铝盘的 3 个磁通中的两个，如 $\dot{\Phi}_I$ 与 $\dot{\Phi}_U$ 对铝盘产生的作用。交变磁通 $\dot{\Phi}_I$ 和 $\dot{\Phi}_U$ 在铝盘中感生的电动势为 $\dot{E}_I$ 和 $\dot{E}_U$，设铝盘为纯电阻性，则铝盘中流过与感应电动势同相的涡流 $\dot{I}_{eI}$ 和 $\dot{I}_{eU}$，涡流又与磁场相互作用而产生转动力矩，使铝盘转动。

图 1-6-11 画出了负载为电感性时的相量图。负载电压 $\dot{U}$ 与电流的 $\dot{I}$ 相位差为 φ。在理想情况下，电压线圈的磁通 $\dot{\Phi}_U$ 与 $\dot{I}_U$ 同相，故 $\dot{\Phi}_U$ 滞后于 $\dot{U}$ 为 90°，因此 $\dot{\Phi}_U$ 滞后于 $\dot{\Phi}_I$ 的相角为 $\psi=90°-\varphi$。

交变磁通 $\dot{\Phi}_I$ 和 $\dot{\Phi}_U$ 穿过铝盘时，在铝盘中感应出滞后于它们 90°的电势 $\dot{E}_I$ 和 $\dot{E}_U$，$\dot{E}_I$ 和 $\dot{E}_U$ 又在铝盘中产生涡流 $\dot{I}_{eI}$ 和 $\dot{I}_{eU}$。其中，$\dot{I}_{eU}$ 通过 $\dot{\Phi}_I$ 所

在的位置，$\dot{I}_{eI}$流过 $\dot{\Phi}_U$ 所在的位置，如图 1－6－12 和图 1－6－13 所示，这两个涡流都会受到所在磁场的作用力而产生转矩。

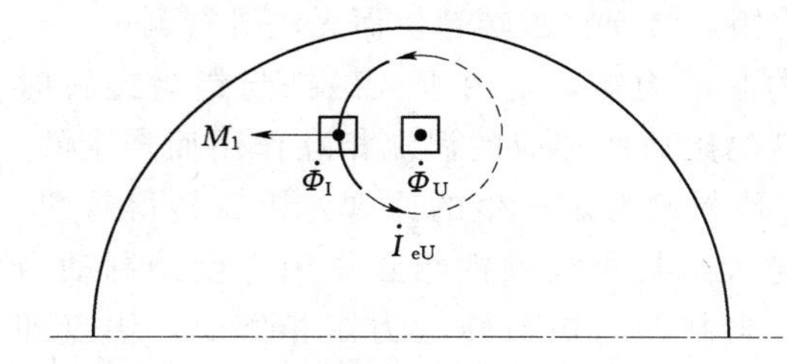

图 1－6－12　$\dot{\Phi}_I$ 和 $\dot{I}_{eU}$产生的转矩

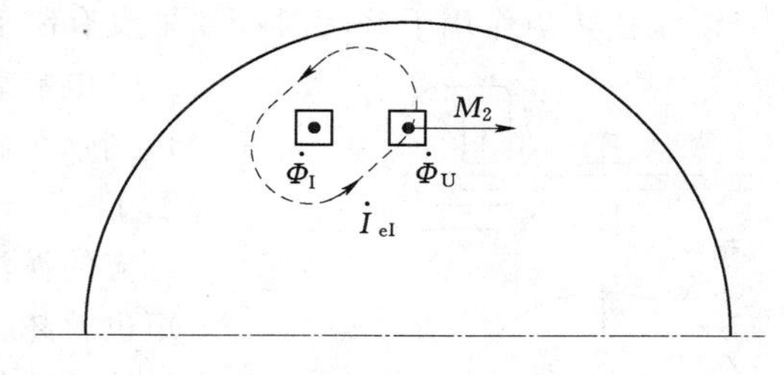

图 1－6－13　$\dot{\Phi}_U$ 和 $\dot{I}_{eI}$产生的转矩

瞬时转矩 m 正比于磁通和电流的乘积 $\phi \cdot i$，即

$$m = k\phi i$$

式中　k——比例系数。

由于铝盘的惯性较大，所以它的转动决定于瞬时转矩的平均值，即

$$M = \frac{1}{T}\int_0^T m\mathrm{d}t$$

设 $\phi = \Phi_m \sin\omega t$，$i = I_m \sin(\omega t - \alpha)$，代入 M 式可得

$$M = K'\Phi I\cos\alpha$$

式中　Φ，I——磁通和电流的有效值。

现将对铝盘产生转矩的两组磁通和涡流代入上式。因 $\dot{\Phi}_I$ 与 $\dot{I}_{eU}$的相位差为 $90° + \psi$，$\dot{\Phi}_U$ 与 $\dot{I}_{eI}$的相位差为 $90° - \psi$，故两个转矩为

$$M_1 = K_1'\Phi_I I_{eU}\cos(90° + \psi)$$
$$M_2 = K_2'\Phi_U I_{eI}\cos(90° - \psi)$$

考虑到 $\psi = 90° - \varphi$，上两式可写成

$$M_1 = -K_1'\Phi_I I_{eU}\cos\varphi$$
$$M_2 = K_2'\Phi_U I_{eI}\cos\varphi$$

因 $I_{eU} \propto \Phi_U$，$I_{eI} \propto \Phi_I$，故转矩又可写成

$$M_1 = -K_1'\Phi_I I_{eU}\cos\varphi = -K_1''\Phi_I\Phi_U\cos\varphi$$
$$M_2 = K_2'\Phi_U I_{eI}\cos\varphi = K_2''\Phi_I\Phi_U\cos\varphi$$

此两力矩的正方向可根据磁通和涡流的正方向来确定，由图 1－6－12 和图 1－6－13 可见，M_1 和 M_2 的正方向相反，但 M_1 式中带有负号，说明 M_1 和 M_2 的实际方向一致。

同样，可分析 $\dot{\Phi}_U$ 和 $\dot{\Phi}_I'$作用于铝盘所产生的两个转矩，也是以同样的方向驱动铝盘。这样 4 个转矩的合成转矩可写为

$$M = K''\Phi_I\Phi_U\cos\varphi$$

由于 $\Phi_I \propto I$，$\Phi_U \propto U$，故

$$M = KUI\cos\varphi = KP$$

式中　P——负载功率。

即铝盘所受的合成转矩正比于负载的有功功率。

6.2.5　铝盘的转数与被测电能的关系

铝盘在转矩作用下旋转时，如果没有制动力矩，转速将越转越快而无法进行测量。

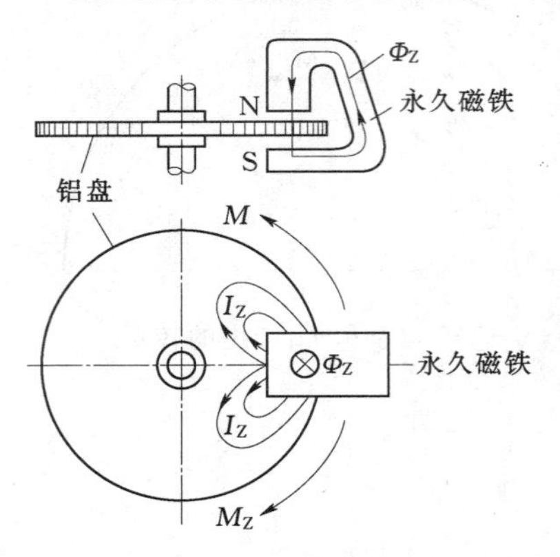

图 1-6-14　制动力矩的产生

电能表的制动力矩，是由永久磁铁与铝盘旋转时切割永久磁铁的磁通所感应的涡流相互作用而产生的，图 1-6-14 是制动力矩产生的原理。铝盘转得越快，感应的涡流越大，与永久磁铁相互作用产生的制动力矩也就越大。当制动力矩与转动力矩相等时，铝盘即保持匀速旋转。因此，铝盘的转速 n 与负载功率成正比，即

$$n=CP$$

式中　C——电能表的比例常数。

若负载的功率 P 在一定时间 T 内保持不变，则用 T 乘上式可得

$$nT=CPT$$

或

$$N=CA$$

式中　N——时间 T 内铝盘的转数，$N=nT$；

A——时间 T 内被测的电能，$A=PT$。

当功率随时间变化时，从 0 到时间 T 内的转数为

$$N=\int_0^T n\mathrm{d}t=C\int_0^T p\mathrm{d}t=CA$$

所以，铝盘的转数总是与被测电能成正比。由记数机构记录下来的转数就能反映被测电能的数值。

电能表的比例常数为

$$C=\frac{N}{A}$$

表示电能表计算 1kW·h 电能时铝盘的转速，它是电能表的一个重要参数，通常标明在铭牌上，如 1kW·h=2400 盘转数。

6.3　单相电能表的接线和选择

6.3.1　接线

电能表的接线方式原则上与功率表的接线方式相同，即电流线圈与负载串联，电压线圈跨接在线路两端。对于低电压（220V）、小电流（5～10A 以内）的单相电路，电能表可以直接接入；对于低电压、大电流的单相电路，需经电流互感器接入。

电能表的下部有接线盒，盖板背面画有接线图，安装时应按图接线。接线盒内有 4 个

接线端子，一般应符合“火线 1 进 2 出”和“零线 3 进 4 出”的原则接线，“进”端接电源，“出”端接负载，如图 1－6－15 所示。

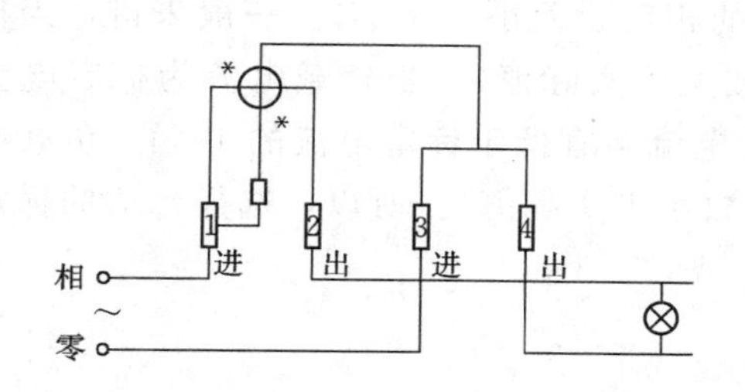

图 1－6－15　单相电能表接线

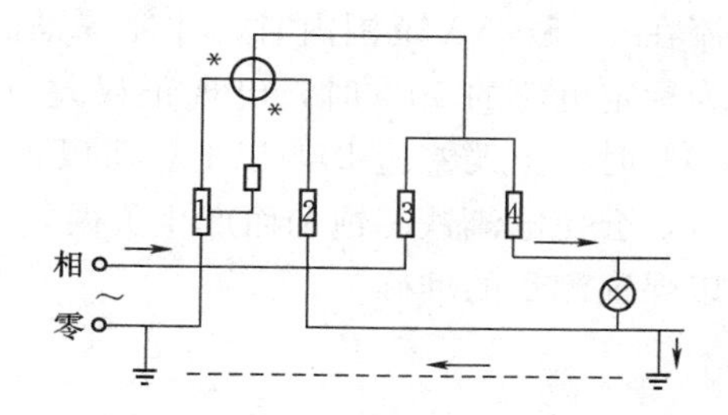

图 1－6－16　相零接反

只要接线正确，不管负载是电感性的还是电容性的，电能表总是正转的。但在接线时必须注意，火线与地线不能对调，对调时俗称“相零接反”，如图 1－6－16 所示。这种接线，电能表仍然正转，且计度正确，但当电源和负载的零线同时接地，或用户将负载（电灯、冰箱、电热器等）接到火线与大地（如经自来水管）之间时，负载电流将从加接地线的地方经大地流走（流经电流线圈的电流要减少或为零），这就造成电能表少计电能或不计电能。

也要注意，不能把两个线圈的同名端接反。虽然电压和电流端子的连接片在表内已连好，但如果接线时误接成“火线 2 进 1 出”，如图 1－6－17 所示，那么就将同名端接反了，电能表就要反转，这是不允许的。

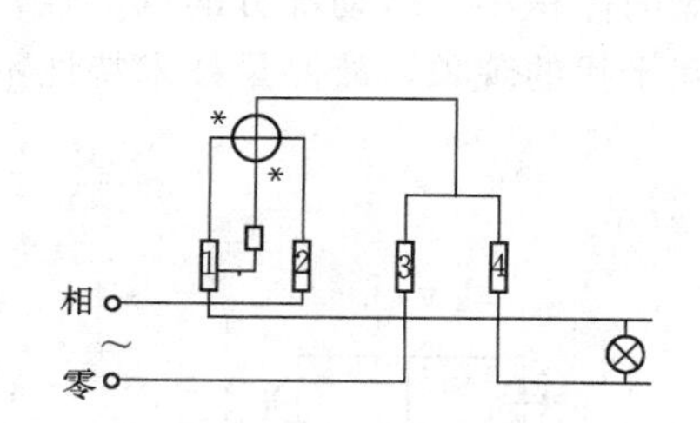

图 1－6－17　同名端接反

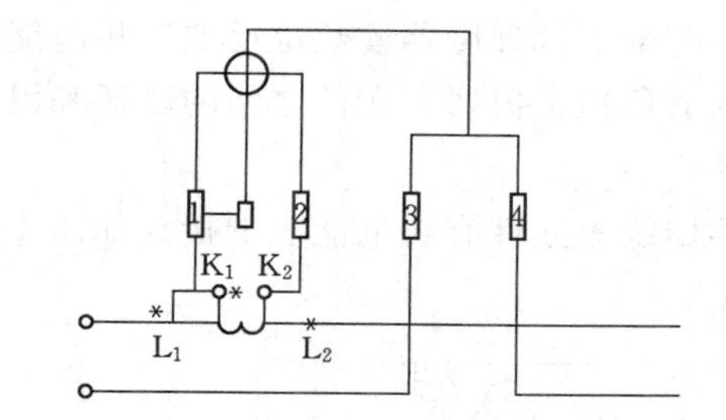

图 1－6－18　单相电能表只经电流互感器的接线

另外，还要注意不要将电流线圈跨接到电源的两端（端子 1、2 接电源）；否则将烧断熔丝或将电流线圈烧坏。不要将连接片解开，否则电压线圈中无电流，造成用户用电而表不转的情况。

各国生产的单相电能表的端子排列不一定相同，因此要注意按接线图连接，以免接错。

电流较大的单相电路可经电流互感器接入电能表。电流互感器的端钮 L_1、L_2 和 K_1、K_2，分别为一、二次线圈的首端和尾端，应如图 1－6－18 所示连接。如接错则电能表会发生反转。

6.3.2　量限的选择

电能表的额定电压应与负载电压相符，并且使负载的最大工作电流不超过电能表的额定最大电流，而负载的最小工作电流最好又不低于电能表标定电流的10%。

一般家用电能表的准确度等级为2.0级。若选用2.5（5）A的电能表，当负载的工作电流在0.25～5A范围内时，才能保证测量的相对误差小于±2%。一般来讲，当负载电流为标定电流的50%时，出现正误差（读数大于实际值）；当负载电流为标定电流的2%～3%时，正误差达10%以上。所以，负载电流不宜低于标定电流的10%。负载电流过大时，会使电流铁芯饱和而产生负误差（读数小于实际值）。所以，选择合适的标定电流可以保证测量的准确度。

6.4　三相有功电能表

测量三相电路的电能与测量三相电路的有功功率在原理上是相同的。但在实用中常采用的是三相有功电能表。三相有功电能表分为三线四线和三相三线两种。

6.4.1　三线四线有功电能表

三相四线有功电能表相当于3个单相电能表装在一个外壳内，它由3组驱动元件及装在同一轴上的3个铝盘组成，如DT1型。由于转矩与三相有功功率成正比，故计度器直接反映三相电能。3个铝盘的三相电能表由于体积大、成本高，现已不再生产。目前采用最多的是三元件两铝盘的三相四线有功电能表，如DT6、DT8、DT18型等。其中两个驱动元件作用在同一铝盘上，另一个驱动元件和制动磁铁作用在第二个铝盘上，两个铝盘连接在同一转轴上，计度器读数也反映三相电能。两铝盘的体积小，转动部分的重量轻，减轻了转轴的负担，但两组元件之间的磁通和涡流有相互干扰的现象，故测量技术特性不如三铝盘的。

三相四线三元件有功电能表的接线如图1-6-19所示。

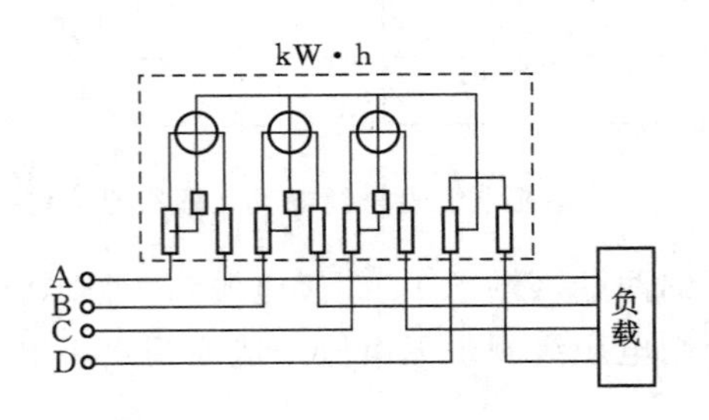

图1-6-19　三相四线三元件有功电能表接线

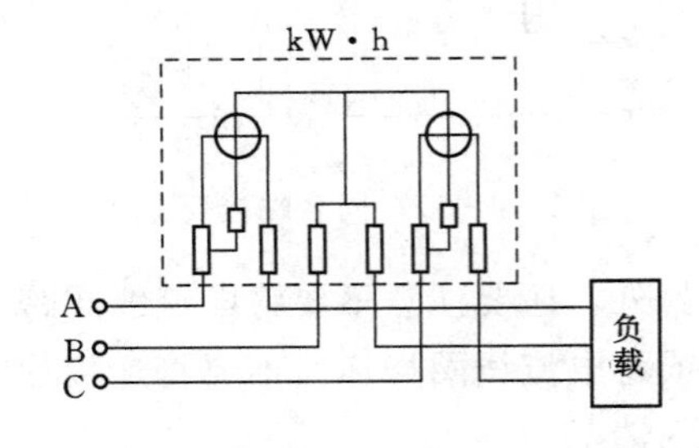

图1-6-20　三相三线二元件有功电能表接线

6.4.2　三相三线有功电能表

三相三线有功电能表相当于两个单相电能表组装在一个外壳内。它有上、下两个铝盘，每个铝盘配置一组驱动元件和一组制动磁盘。也有采用单铝盘结构的，但其误差较两个铝盘的大。三相三线二元件有功电能表的接线与测三相有功功率的两表法接线相同，如图1-6-20所示。

6.5　三相无功电能表

6.5.1　具有分离串联线圈的三相无功电能表

这是一种特殊的三相无功电能表，广泛用于测量三相四线制电路的无功电能。这种表有两个驱动元件（利用 3 个电流）。每个元件都具有分离的电流线圈，一个叫基本线圈，另一个叫附加线圈。这两个线圈的匝数相同，绕在同一铁芯上。两个元件的基本线圈分别串接在 A 相和 C 相电路中，流过电流 $\dot{I}_A$ 和 $\dot{I}_C$。而附加线圈则串接在 B 相电路中，流过电流 $-\dot{I}_B$，即 B 相电流 $\dot{I}_B$ 自两个附加线圈的非发电机端流入。电压线圈则采用跨相接法，即 A 相元件的电压线圈接在 BC 相间，C 相元件的电压线圈接在 AB 相间，如图 1-6-21（a）所示。

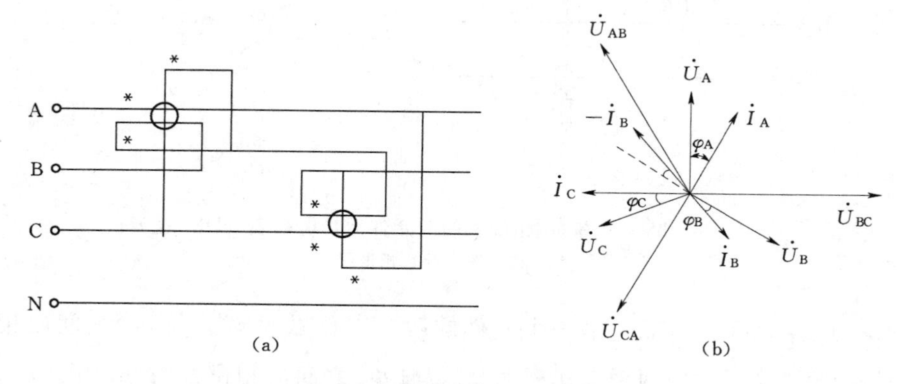

图 1-6-21　具有分离串联线圈的三相无功电能表（DX1 型）
（a）接线图；（b）相量图

由图 1-6-21（b）所示的相量图可知，两组元件对铝盘产生的转矩分别为

$$
\begin{aligned}
M_1 &= K_1[U_{BC}I_A\cos(90°-\varphi_A)+U_{BC}I_B\cos(150°-\varphi_B)] \\
&= K_1[U_{BC}I_A\sin\varphi_A-U_{BC}I_B\cos(30°+\varphi_B)] \\
M_2 &= K_2[U_{AB}I_C\cos(90°-\varphi_C)+U_{AB}I_B\cos(30°-\varphi_B)] \\
&= K_2[U_{AB}I_C\sin\varphi_C+U_{AB}I_B\cos(30°-\varphi_B)]
\end{aligned}
$$

因两组元件的结构相同，且三相电压对称，故

$$K_1=K_2=K,\ U_{AB}=U_{BC}=U=\sqrt{3}U_P$$

总转矩为

$$
\begin{aligned}
M &= M_1+M_2=K[UI_A\sin\varphi_A-UI_B\cos(30°+\varphi_B)] \\
&\quad +K[UI_C\sin\varphi_C+UI_B\cos(30°-\varphi_B)] \\
&= K\sqrt{3}(U_PI_A\sin\varphi_A+U_PI_B\sin\varphi_B+U_PI_C\sin\varphi_C)=K\sqrt{3}Q
\end{aligned}
$$

式中　Q——三相无功功率。

可见，总转矩与三相无功功率成正比。因而，这种表可以测出三相无功电能。转矩式中出现的系数$\sqrt{3}$，在制造电能表时已在电流线圈的匝数（减少匝数$\sqrt{3}$倍）或齿轮传动比

中考虑进去，所以计数器可以直接读取三相无功电能的数值。

在推导转矩公式时，并未假定三相电流的相量和为零这一条件，所以只要三相电压对称，这种表就既可测量三相三线制电路的无功电能，也可测量三相四线制电路的无功电能，且不论负载对称与否。

6.5.2　具有60°相位差的两元件无功电能表

这种两元件无功电能表的特点是电压线圈与一电阻 R 相串联，因而工作磁通 $\dot{\Phi}_U$ 与电压 $\dot{U}$ 的相位差不再是 90°，而是 60°了。图 1-6-22 所示为其接线和相量图。

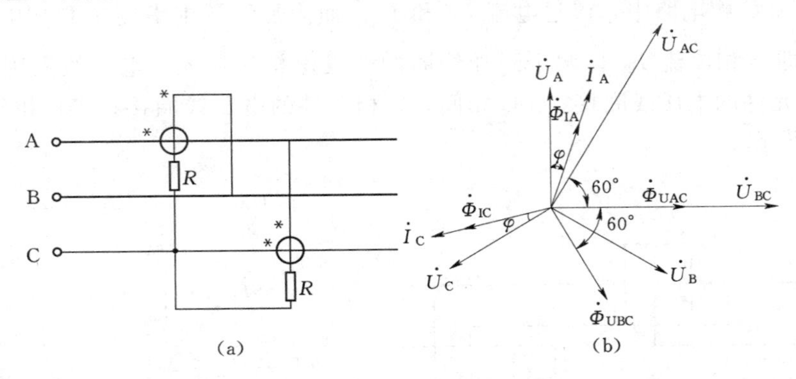

图 1-6-22　具有 60°相位差的两元件无功电能表（DX2 型）
(a) 接线图；(b) 相量图

由图 1-6-22（b）可见，第一个元件的两个工作磁通 $\dot{\Phi}_{UBC}$ 与 $\dot{\Phi}_{IA}$ 之间的相位差为 $(150°-\varphi_A)$，第二个元件的两个工作磁通 $\dot{\Phi}_{UAC}$ 与 $\dot{\Phi}_{IC}$ 之间的相位差为 $(150°+\varphi_A)$。两组元件的转矩分别为

$$M_1=K_1''\Phi_{UBC}\Phi_{IA}\sin(150°-\varphi_A)=K_1U_{BC}I_A\sin(30°+\varphi_A)$$

$$M_2=K_2''\Phi_{UAC}\Phi_{IC}\sin(210°-\varphi_C)=-K_2U_{AC}I_C\sin(30°-\varphi_C)$$

因两个元件的结构对称，且设三相电路也对称时，有 $K_1=K_2=K$，$U_{BC}=U_{AC}=U$，$I_A=I_C=I$，$\varphi_A=\varphi_C=\varphi$，故转矩之和可写为

$$M=M_1+M_2=KUI\sin(30°+\varphi)-KUI\sin(30°-\varphi)$$

$$=KUI\cdot 2\cdot\cos30°\sin\varphi=K\sqrt{3}UI\sin\varphi=KQ$$

即总转矩与三相无功功率成正比。所以，这种表可以测出三相无功电能。

上面的推导结果是在三相电源和负载都对称时得到的。可以证明，在三相电源对称，而负载不对称的三相三线制电路中，上述结论仍然是正确的。所以，具有 60°相位差的两元件无功电能表广泛用于三相三线制电路中。

6.6　功率因数的间接测量

测量功率因数在电力系统开展降损节能的工作中有着重要的意义。目前广大中小企业往往都不装设功率因数表，故只能通过间接方法来加以测量。

6.6.1　三表法

单相电路的功率因数为

$$\cos\varphi=\frac{P}{UI}$$

故可用 3 只仪表，即功率表、电压表和电流表，测得 P、U 和 I 后计算出功率因数。

三相对称电路的功率因数为

$$\cos\varphi=\frac{P}{\sqrt{3}UI}$$

也可以通过测量三相总功率 P、线电压 U 和线电流 I 来间接测量功率因数。

6.6.2　有功—无功电能表法

实际测量时，希望测量电路在某一段时间间隔内的平均功率因数。该平均功率因数可利用有功电能表的读数 W_P 和无功电度表的读数 W_Q 按以下公式计算，即

$$\cos\varphi=\frac{W_P}{\sqrt{W_P^2+W_Q^2}}$$

6.6.3　两电能表法

在三相四线制电路中，用两只单相电能表可以测量其平均功率因数，接线图和相量图如图 1－6－23（a）、（b）所示。

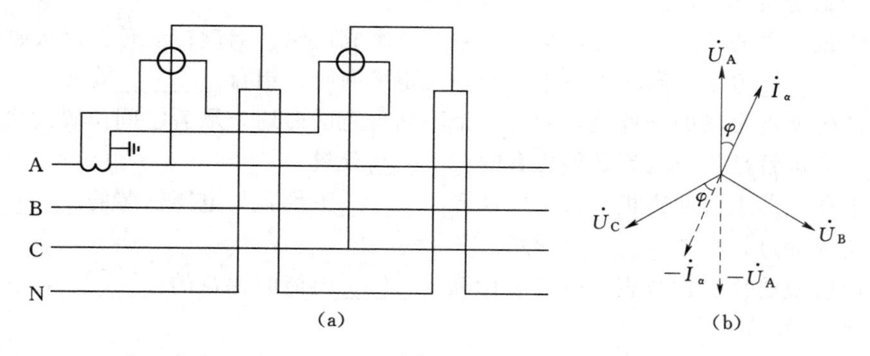

图 1－6－23　测量功率因数的两电能表法

（a）接线图；（b）相量图

第一只电能表的测量值为

$$W_1=U_A I_a \cos\varphi \cdot t$$

第二只电能表的测量值为

$$\begin{aligned}W_2&=U_C I_a \cos\varphi' \cdot t=U_C I_a \cos(60°-\varphi)\cdot t\\&=\frac{1}{2}U_C I_a \cos\varphi \cdot t+\frac{\sqrt{3}}{2}U_A I_a \sin\varphi \cdot t\end{aligned}$$

将 W_1 和 W_2 代入 $\frac{2W_2-W_1}{\sqrt{3}W_1}$ 中，可得

$$\frac{2W_2-W_1}{\sqrt{3}W_1}=\frac{\sqrt{3}U_A I_A \sin\varphi \cdot t}{\sqrt{3}U_A I_A \cos\varphi \cdot t}=\tan\varphi$$

因此，由 W_1 和 W_2 的值可求得 $\tan\varphi$，而由 $\tan\varphi$ 可求得 $\cos\varphi$

$$\cos\varphi=\frac{1}{\sqrt{1+\tan^2\varphi}}$$

此方法适用于三相负载基本对称的三相四线制电路，所用设备简单，有较高的实用价值。

【例 1-6-1】 在时间 t 内测得第一只电能表的读数为 2kW·h，第二只电能表的读数为 2.5kW·h，求 $\cos\varphi$。

解
$$\tan\varphi=\frac{2\times2.5-2}{\sqrt{3}\times2}=0.866$$

故
$$\cos\varphi=\frac{1}{\sqrt{1+0.866^2}}=0.760$$

练习与思考

（1）感应系电度表的原理是，当________线圈和________线圈中通过交流电流时所形成的________磁场，在铝盘上感应出________，这些涡流与移进磁场相互作用产生________，驱动铝盘旋转。

（2）铝盘所受的________力矩与________功率成正比。铝盘转动时，永久磁铁对铝盘产生一个________力矩。当转动力矩与制动力矩平衡时，铝盘________旋转。

（3）产生移进磁场的条件是，处在 3 个不同位置的磁通，顺着空间位置的次序有一定的________，这就是负载电流必须含有的________分量。

（4）电压铁芯上的回磁板，其下端伸入________下部，与电压铁芯的________上下相对应，以构成穿过铝盘的________回路。

（5）电能表的比例常数表示电能表计算________电能时铝盘的________，它是电能表的一个重要参数。

（6）单相电能表的电流线圈应与负载________联，电压线圈应与负载________联。国产 DD28 型单相电能表接线时，应符合“火线____进____出”和“零线____进____出”的原则。

（7）单相电能表的错误连接有：

1）将________与________对调，俗称“相零接反”，这时如在负载端加接________线，负载电流就会从加接地线的地方经________流走，造成少计或不计________。

2）误接成“火线 2 进 1 出”，将________端接反，电能表就会________转。

3）误将接线端的 1、2 接电源，即将________线圈跨接在电源两端，造成电源短路，轻则烧断熔丝，重则烧坏电流线圈。

4）误将________解开，________线圈中便无电流，造成用户用电而电能表________。

（8）负载的最大工作电流不能超过电能表的__________电流，而负载的最小工作电流最好又不低于电能表__________电流的 10%。

(9) 如图 1-6-24 所示，单相电能表的接线端 3 和 4，在表内是相连的能否只接一个端子？

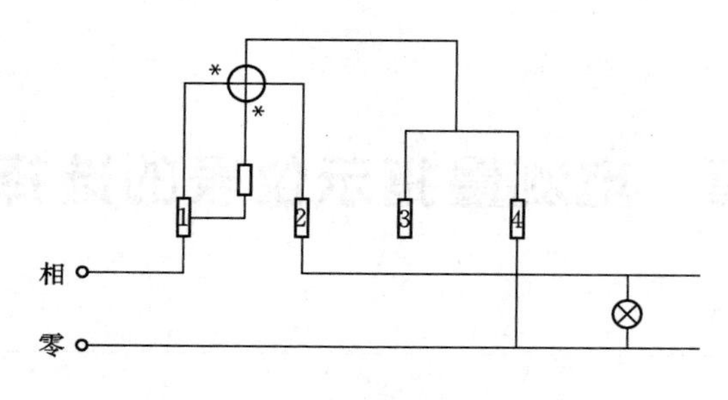

图 1-6-24　练习与思考题 (9) 图

第7章　电测量指示仪表的选择和校验

为了更好地选择和使用各种指示仪表，本章在对各种电测量指示仪表的技术特性进行比较的基础上，讨论有关仪表的选择问题，并对指示仪表的校验方法加以介绍。

7.1　电测量指示仪表的技术特性比较

表1-7-1给出了常用各种电测量指示仪表的技术特性综合比较，其中只列出了各种电工指示仪表的一般特性，应当指出，仪表的结构决定了它的特性。例如，整流系仪表是由磁电系表头与整流电路组成，因此它具有磁电系仪表的部分特性，同时又具有由于整流电路（整流元件）所造成的特性。

表1-7-1　　各种电工指示仪表的性能比较

项目		磁电系	整流系	电磁系	电动系	铁磁电动系	静电系	感应系
测量基本量（不加说明时为电流或电压）		直流或交流的恒定分量	交流平均值（在正弦交流下刻度一般按有效值刻度）	交流有效值或直流	交流有效值或直流，交、直流功率及相位、频率	交流有效值或交、直流功率及相位、频率	直流或交流电压	交流电能及功率
使用频率范围		一般用于直流	45～1000Hz（有的可达5000Hz）	一般用于50Hz	一般用于50Hz	一般用于50Hz	可用于高频	一般用于50Hz
准确度（等级）		一般为0.5～2.5级，高可达0.1～0.05级	0.5～2.5级	0.5～2.5级	一般为0.5～2.5级，高可达0.1～0.05级	1.5～2.5级	1.0～2.5级	1.0～3.0级
量限大致范围	电流	几微安到几十微安	几十毫安到几十安	几毫安到100安	几十毫安到几十安	—	—	几十毫安到几十安
	电压	几千毫伏到1kV	1V到数千伏	10V～1kV	10V到几百伏	—	几十伏到500kV	几十伏到几百伏
功率损耗		小	小	大	大	大	极小	大
波形影响		—	测量交流非正弦有效值的误差很大	可测非正弦交流有效值	可测非正弦交流有效值	可测非正弦交流有效值	可测非正弦交流有效值	可测非正弦交流有效值

续表

项目	磁电系	整流系	电磁系	电动系	铁磁电动系	静电系	感应系
防御外磁场能力	强	强	弱	弱	强		强
标尺分度特性	均匀	接近均匀	不均匀	不均匀（测功率均匀）	不均匀	不均匀	—
过载能力	小	小	大	小	小	大	大
转矩（指通过表头电流相同时）	大	大	小	小	较大	小	最大
价格（对同一准确度等级的仪表的大致比较）	贵	贵	便宜	最贵	较便宜	贵	便宜
主要应用范围	作直流电表	作万用表	作板式及一般实验室电表	作板式交、直流标准及一般实验室电表	板式电表	作高压电压表	做电能表

表 1－7－1 所列的静电系仪表可直接测量几千伏甚至更高的电压，也可以测量很低的电压，并能交、直流两用。它的主要特性如下：

（1）能测量有效值，因为偏转角与 U^2 成正比。

（2）使用频率范围宽，能在直流和交流 10Hz 至几兆赫范围内使用。

（3）输入阻抗高。直流时，它的电阻是绝缘通路的漏泄电阻。在直流或交流使用时功耗都极小。

（4）非线性标尺，近似为平方规律，但可以用改变叶片形状等措施加以改善。

7.2　电测量指示仪表的选择

合理地选择仪表和测量方法是完成某项测量任务的保证，合理选用是指在工作环境、经济比较、技术要求等前提下选择形式、准确度和量程均适当的仪表以及选择正确的测量电路，测量方式、方法以保证要求的测量精度，一般按以下原则进行选择。

7.2.1　按被测量的性质选择仪表的类型

1. 被测量是交流还是直流

直流可选用直流电位差计、磁电系、电动系或电磁系；交流则可选用电动系和电磁系。由于直流测量的准确度一般比交流高，所以测量交流也可以先通过交换器。将交流转换成直流，然后用直流仪表进行测量。

2. 被测量是低频还是高频

对于 50Hz 的工频，电磁系、电动系、感应系都可以使用。电动系和整流系还可以扩大到几千 Hz，超过 1000Hz 的交流，一般要选用电子伏特计，也可选用热电系仪表（热电系仪表是热电变换器与磁电系的组合，交流电经电阻转换为热能，然后用变换器转换为直流电压再进行测量）。

3. 被测量是正弦还是非正弦

有效值电表可以用来测量正弦波的有效值。如果要测量正弦波的平均值、峰值、峰峰值，则可按表 1－7－2 所列的关系进行换算。

表 1－7－2　　平均值、峰值、峰峰值的关系换算

项　目	平均值	有效值	峰　值	峰峰值
平均值	—	1.11	1.57	3.14
有效值	0.90	—	1.414	2.83
峰值	0.637	0.707	—	2.00
峰峰值	0.318	0.354	0.500	—

如果用按正弦波刻度的有效值电表测量非正弦波，那么仪表读出的有效值是否等于非正弦波的真正有效值，必须视仪表的类型而定。电动系、电磁系仪表的转动力矩由有效值决定，所以不论被测电压或电流的波形是否是按正弦规律变化，都可以直接读出其有效值（当然还要看频率范围是否允许）。如果是整流系仪表，如万用表，它们的转动力矩由平均值所决定，读出的有效值不等于被测的非正弦有效值，必须根据波形因数换算，即

$$U_x=\frac{1}{2.22}UK$$

式中　U——按刻度读出的电压值；

2.22——正弦波半波整流波形因数；

K——被测电压波形因数（见表 1－7－3）；

U_x——被测电压实际值。

表 1－7－3　　各种波形的有效值、峰值和平均值

名称	波　形	峰值	有效值	平均值
正弦波	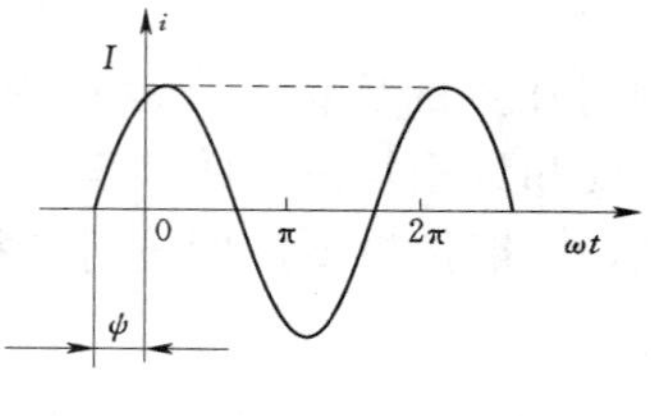	U_m	$0.707U_m$	$0.637U_m$
半波整流后的正弦波	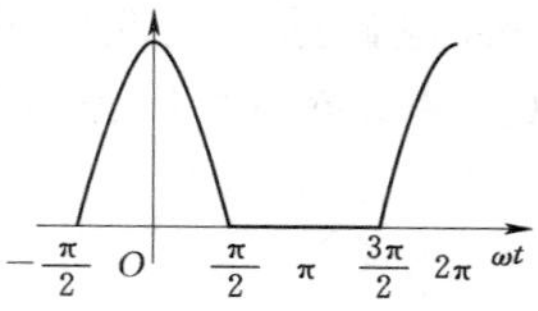	U_m	$0.5U_m$	$0.318U_m$
三角波	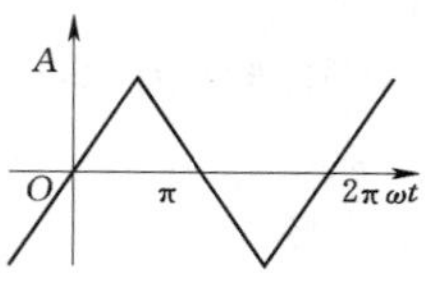	U_m	$0.577U_m$	$0.5U_m$

续表

名称	波　　形	峰值	有效值	平均值
方波	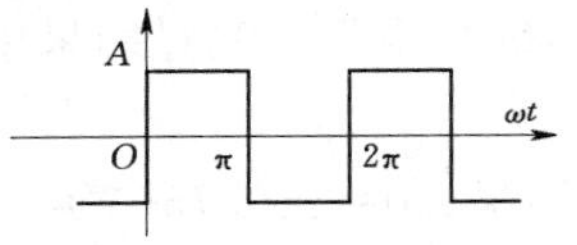	U_m	U_m	U_m
锯齿波	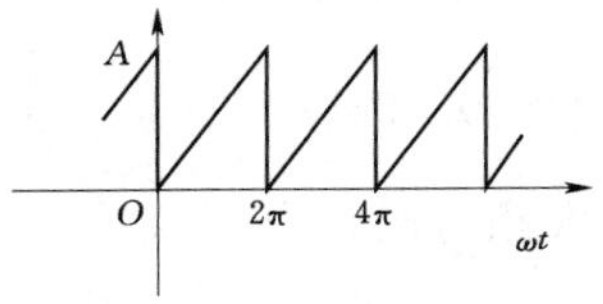	U_m	$0.577U_m$	$0.5U_m$
梯形波	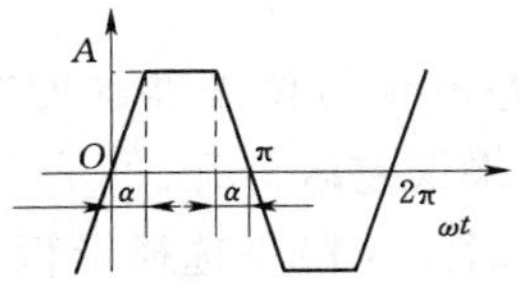	U_m	$\sqrt{1-\frac{4\partial}{3\pi}}U_m$	$\left(1-\frac{\partial}{\pi}\right)U_m$

可见测量非正弦电流或电压的有效值，选用电动系仪表、电磁系仪表读数比较方便，但频率范围有限，整流系仪表则增加换算的麻烦。

7.2.2　仪表准确度的选择

选择电压表或电流表的准确度必须结合测量要求，根据实际需要选择合适的准确度。仪表的准确度既不能选得太低，也不能选得太高。因为选用高准确度的仪表，不仅价格高，而且使用时有许多严格的操作规范和复杂的维护保养条件，这便会增加不必要的负担，同时也不一定都能收到准确的测量效果。

一般把 0.1、0.2 级仪表作为标准表或作为精密测量仪表。0.5、1.0 级仪表作为实验室测量仪表，1.5 级以下的作为一般工程测量仪表，超过 0.1 级则需要选用比较仪表，如电位差计。

因为测量误差为仪表误差和扩程装置误差两部分之和，所以应选择比测量仪器本身高 2～3 级的配套用的扩大量程的装置（如分流器、附加电阻、互感器等）。

仪表与扩程装置配套使用时，它们之间的准确度关系如表 1-7-4 所示。

表 1-7-4　　仪表与扩程装置的准确度关系

仪　表　等　级	分流器或附加电阻	电流或电压互感器
0.05	不低于 0.05	
0.1	不低于 0.1	
0.5	不低于 0.5	0.2（加入更正值）
1.0	不低于 1.0	0.2（加入更正值）
1.5	不低于 1.5	0.2（加入更正值）
2.5	不低于 2.5	1.0
5.0	不低于 5.0	1.0

7.2.3 仪表量限的选择

所有指示仪表，只有在合理量限下仪表准确度才有意义，否则测量误差会很大。

例如，用量限为150V、0.5级电压表测量100V电压，测量结果中可能出现的最大绝对误差为

$$\Delta_m = \pm K\% \times A_m = \pm 0.5\% \times 150 = \pm 0.75(\text{V})$$

相对误差为

$$\gamma_1 = \frac{\Delta_m}{A_{x1}} = \frac{0.75}{100} = \pm 0.75\%$$

同样，电压表测量20V电压可能出现的最大相对误差为

$$\gamma_2 = \frac{\Delta_m}{A_{x2}} = \frac{0.75}{20} = \pm 3.75\%$$

计算结果表明，γ_1 是 γ_2 的5倍，故测量误差不仅与仪表准确度有关，而且与使用的量限有密切关系，一定要把仪表准确度和测量结果误差区分开。

为了充分利用仪表准确度，应按标尺使用在后1/4段来选择量程，在标尺中间位置测量误差可能比后1/4段大两倍，应力求避免使用标尺的前1/4段。

7.2.4 仪表内阻的选择

为减小误差，应根据测量对象电路中的阻抗大小，适当选择仪表的内阻。仪表内阻的大小，反映仪表本身的功耗。为了不影响被测电路的工作状态，电压表内阻应尽量大些，量程越大，内阻应越大。电流表内阻应尽量小些，量程越大，内阻应越小。

7.2.5 仪表工作条件的选择

根据使用环境和工作条件（如是在实验室使用还是安装在开关板上）、周围环境温度、湿度、机械振动、外界电磁场强弱等选用合适的仪表。

国家标准《国家电气设备安全技术规范》（GR 776—76）规定：仪表按使用条件分A、A_1、B、B_1、C，它们的工作条件规定见表1-7-5。

表1-7-5 仪表工作条件的规定

分组		A	A_1	B	B_1	C
工作条件	温度	0～40℃		−20～50℃		−40～60℃
	相对湿度	95%（25℃）	85%	95%（25℃）	85%	95%（25℃）
最恶劣条件	温度	−40～+60℃		−40～+60℃		−50～60℃
	相对湿度	95%（35℃）	95%（30℃）	95%（30℃）	95%（35℃）	95%（60℃）

标准还规定仪表外壳防护性能有普通、防尘、防溅、防水、水密、气密、隔爆等7类，一般不加说明的指普通式、A组仪表。

总之，选择电测量指示仪表必须全面考虑各方面因素，同时应抓住主要因素。例如，对于高频，测量时频率误差是主要的，因此要选用电子系仪表。高精度的测量，准确度是主要的，因此要选用准确度比较高的仪表，如果要测量电压，被测的两点间电阻又比较大，则应选用内阻比较大的电压表。

7.3　电流表和电压表的校验

电测量指示仪表在使用一段时间后，由于机械磨损、材料老化等因素的影响。其技术特性将发生变化，如果变化太大，将影响测量的准确性。因此，国家规定对使用中的或修理后的电工仪表，都必须校验。校验就是对仪表进行质量检查，看它是否达到规定的技术性能，特别是看准确度是否达到标定定值。

7.3.1　校验的基本知识

1. 校验的基本方法

对电工仪表进行校验，主要是测量被校验仪表在规定的条件下工作时，其准确度是否达到规定值。例如，测定被校验仪表防御外磁场性能，就是让被校验仪表在试验磁场中工作时，测量其准确度是否达到规定值。

2. 校验期限

根据国家规定：0.1、0.2 级和 0.5 级标准表每年至少进行一次校验。其余仪表的校验周期如表 1-7-6 所示。

表 1-7-6　　电工仪表的校验期限

仪表种类	安装场所及使用条件	校验周期
配电盘指示仪表和记录仪表	主要设备和主要线路的配电仪表	每年一次
	其他配电盘仪表	每两年一次
实验用指示仪表和记录仪表	标准仪表	每年一次
	常用的携带式仪表	每年两次
	其他携带式仪表	每年一次
电能表	标准电能表（回转表）	每年两次
	发电机和主要线路（大用户）的电能表	每年两次
	容量在 5kW 以上的电能表	每两年一次
	容量在 5kW 以下的电能表	每 5 年一次

3. 校验项目、检查方法

仪表的校验项目、校验方法应按照国家对不同仪表的规定标准来确定，具体要查相关的规程。

4. 校验的一般步骤

（1）校验前的检查。先检查外观，看是否有零件脱落或损坏，并轻轻摇晃被校表，看指针是否回到零位，如发现非正常现象，应予以消除。然后将仪表通电，使其指针在标尺上缓慢上升或下降，观察是否有卡针现象，如有应经过修理后才能进行校验。

（2）确定校验方法。根据仪表的类别及准确度确定校验方法，见表 1-7-7。

表1-7-7　　鉴定方法的选择

受检项目	仪表类别	鉴定方法
直流下的基本误差及升降变差	0.1～0.5级直流及交流标准表	直流补偿法、数字电压法
额定及扩大频率范围下的基本误差及升降变差	0.1～0.5级交、直流两用及交流标准表	交、直流比较法
直流及交流下的基本误差及升降变差	0.2级工作仪表及0.5～5.0级仪表	直接比较法

一般最常用的方法为直接比较法，即将被校表与标准表直接比较的方法。采用直接比较法时，标准表及与标准表配套使用的分流器、互感器的级别应符合表1-7-8的规定，标准表的量限不应超过被校表量程上限的25%。

表1-7-8　　标准表、互感器、分流器与被校表之间的关系

被校表的准确度级别	标准表的准确度等级		与标准表一起使用的互感器级别	与标准表一起使用的分流器级别
	不考虑更正	考虑更正		
0.2	—	0.1	0.05	0.05
0.5	0.1	0.2	0.1	0.1
1.0	0.2	0.5	0.2	0.2
1.5	0.5	0.5	0.2	0.2
2.5	0.5	—	0.2	0.2
5.0	0.5	—	0.2	0.5

(3) 确定校验电路。根据所确定的校验方法和被校表的实际情况，选择校验电路。

(4) 校验时的工作条件。校验前仪表和附件的温度与周围空气的温度相同；有调零器的仪表应在预热前先将指示器调到零位，在校验过程中不允许重新调零。所有影响仪表示值的量应在该表技术说明书规定的范围内。

5. 校验时测量次数的规定

(1) 鉴定被校表基本误差时，应在标度尺工作部分的每一个带有数字的分度线上进行以下次数的测量。

1) 0.1级和0.2级标准表应进行4次，即上升、下降各一次，然后改变通过仪表的电流方向，重复上述测量。

2) 磁电系和0.5级以下的其他系列仪表仅需在一个电流方向上校验两次即可。

(2) 对于50Hz的交、直流两用仪表，一般应在直流下校验；对于有额定频率的交流仪表，应在额定频率下校验；对于有额定频率及扩展频率的交、直流两用仪表（或交流仪表），一般对一个量限在直流下（或工频50Hz）全校，而对上限频率和下限频率只校3个数字分度线；当交、直流两用仪表在直流下与交流下的准确度级别不同时，应分别在直流和交流下校验。

(3) 确定多量限仪表误差时，可采用以下方法：

1) 共用一个标度尺的多量限电压表、电流表及功率表，可只对其中某一个量限进行全校，而其余量限只校4个数字分度线（即起始有效数字分度线、上限数字分度线、全部校验量限中正负最大误差数字分度线）。

2）可以采用测量附加电阻的方法对电压表的高压挡进行校验。

6. 测量数据的计算、化整和仪表准确度的确定

（1）测量数据的记录和计算，应按有效数字的规则进行。

（2）计算被测仪表的准确度，应取标准表 4 次（或 2 次）测量结果的算术平均值作为被测量的实际值。

对 0.1 级和 0.2 级仪表，对上限的实际值化整后应有 5 位有效数字；对 0.2 级及 0.5 级仪表，应有 4 位有效数字。

（3）取各次测量的实际值与被测仪表示值之间的最大差值（绝对值）作为被校仪表的最大基本误差。

（4）确定被校表准确度等级时，取记录数据中差值最大的作为最大绝对误差 Δ_m，然后根据被测仪表的量限 A_m，计算出最大引用误差 γ_m。然后按表 1-7-9 取 γ_m 大的邻近一级的 K 值，作为被校仪表的准确度等级。

（5）根据测量数据，可以得出更正值和更正曲线。

表 1-7-9　　仪表的准确度等级和基本误差

仪表的准确度等级	0.1	0.2	0.5	1.0	1.5	2.5	5.0
基本误差（%）	±0.1	±0.2	±0.5	±1.0	±1.5	±2.5	±5.0

7.3.2　直接仪表法校验电工仪表的线路

下面仅介绍几个常用的电测量指示仪表校验线路。

1. 电流表校验电路

（1）直流电流表的校验电路如图 1-7-1 所示。其中图 1-7-1 所示的电路适合于校验量限较小的电流表，调节 RP_1、RP_2 可以改变校验回路电压的大小，调节 RP_3 可以改变校验回路电阻的大小。这 3 个电阻配合使用，可以比较平滑地调节并准确地达到所需要的电流值，各可调电阻的选择应使其额定电流大于被校表的量限。

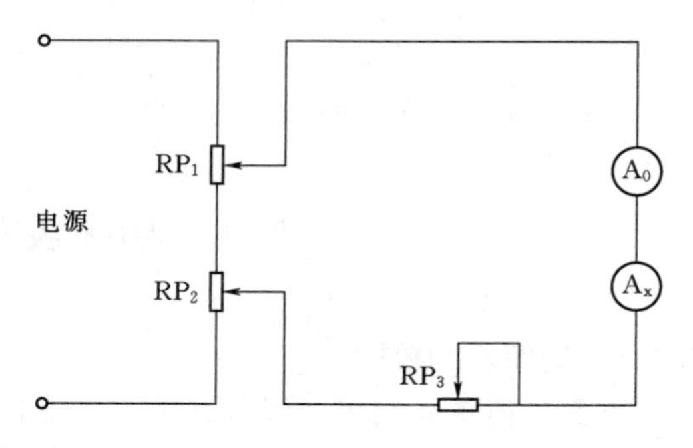

图 1-7-1　直流电流表的校验电路

RP_1、RP_2、RP_3—可调电阻；A_0—标准表；A_x—被校验表

（2）交流电流表的校验电路如图 1-7-2 所示。图中自耦调压器 T_1、T_2 用来调节交流电源电压；降压变压器 T_D 具有降低交流电源电压以适应校验要求和把校验回路与电网电压（220V）隔离开的作用。RP 用来调节校验电流的大小。

2. 电压表校验线路

（1）直流电压表的校验线路如图 1-7-3 所示，其中 RP_1、RP_2 是用来调节电压的两个可调电阻。通常 RP_1 的电阻值比 RP_2 的电阻值大很多倍，这样就可以利用 RP_1 作粗调，RP_2 作细调，使电压的调节较为平滑，从而便于获得校验所需要的读数。

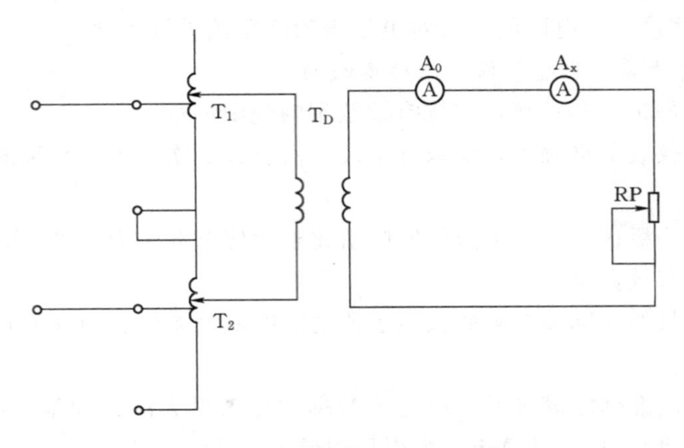

图1-7-2　交流电流表的校验线路

A_0—标准交流电流表；A_x—被校交流电流表；RP—可调电阻；T_1，T_2—自耦调压器；T_D—降压变压器

（2）交流电压表的校验电路如图1-7-4所示。

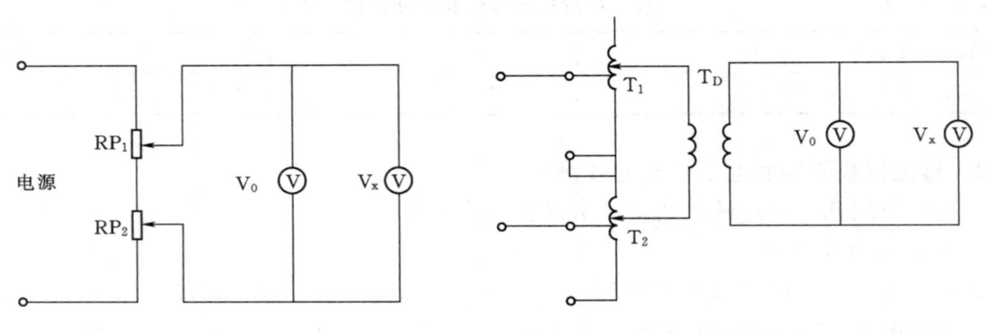

图1-7-3　直流电压表的校验电路　　　图1-7-4　交流电压表的校验电路

7.4　功率表和电能表的校验

7.4.1　功率表的校验

下面只简单介绍用“假负载法”来校验单相功率表的方法。图1-7-5所示的是单相功率表的校验电路，在这一电路中，功率表的电流大小由自耦调压器T_1和T_2进行调节，而加在功率表上的电压大小由T_3和T_4调节。图中T是移相器，调节T可以改变T_3、T_4的输出电压与T_1、T_2输出电压之间的相位差，也就是可以改变功率表电压线圈上的电压与电流线圈中电流之间的相位差，因此这种线路也可以用来校验低功率因数功率表。这种校验电路的特点是，功率表的电流线圈和电压线圈由两个互不相关的电路供电，仪表的指示并不反映真实的负载功率，故称这种校验电路为“假负载法”。它的优点是消耗功率小，所用校验设备的容量小，而且被校表的功率消耗不会影响标准功率表的读数。

7.4.2　电能表的校验

1. 电能表的校验方法

电能表的校验就是对电能表是否合格作出鉴定，其主要任务是利用标准仪表（器）确

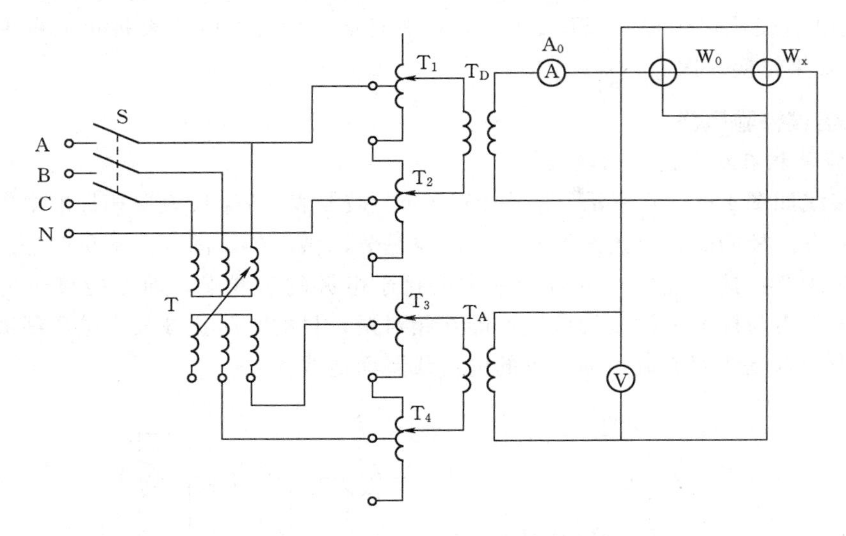

图 1-7-5　单相功率表的校验线路

定电能表的准确度等级。通过校验如果发现电能表的某些特性，特别是误差特性达不到规定的要求时，就应利用电能表的调整装置进行调整，使其合乎标准要求。

校验时所使用的标准仪表（器）及辅助设备的准确度及校验方法是否得当，均会影响校验结果的准确度。通常把标准仪表（器）的误差与测量方法误差之和称为校验精度。一般要求校验装置的精度应比被校表的准确度高 3 倍，即校验装置的相对误差应不大于被校表相对误差的 1/3。故只有选用质量较高的校验设备且校验方法得当，才能收到满意的校验结果。

2. 校验内容

新制造的电能表按我国国家标准规定，制造厂对电能表的校验分为以下几步：

(1) 定型试验。它是由制造厂或委托的专门机构，按照国家标准和产品的技术条件对新设计的电能表的样品所进行的鉴定试验。

(2) 形式试验。它指制造厂按照国家标准和产品技术条件对其生产的电能表所进行的例行检查试验。该试验每年至少要进行一次，目的是防止已定型的电能表的结构、工艺，主要材料改变时，或批量生产的电能表间断后又重新生产时，其技术指标有所改变。形式试验项目有测定工作转矩、摩擦转矩、圆盘转速，还要测定电压、频率、温度、波形、自热、过负载、外磁场等特性以及进行耐压试验等。

(3) 出厂检验。它是指制造厂的质量监督部门在电能表出厂前，对每只电能表是否合格所进行的检验。经检验合格的电能表应加盖封印并出具质量合格证书。出厂检验项目主要有测定基本误差、起动、潜动、绝缘试验，检查标志、外观以及三相电能表逆相序影响试验等。

3. 安装式电能表的检验

安装式电能表的检验也称一般性试验或周期检验。它是指运行使用中的电能表，依照相应的检验制度和规程进行的定期检验。目的是保证电能表计量的准确性和可靠性。我国将电能计量装置分为 4 类，并对每一类的现场检验周期和轮换周期都作了相应的规定。例如，《交流电能表检定规程》（SD 109—83）中规定：第Ⅲ类电能表每年至少现场校验一次，每2～3年轮换一次。

7.4.3 电能表校验电路

1. 校验单相有功电能表的接线

校验接线如图1-7-6所示，图中kW·h为被校表，W_0代表单相标准电能表或监视功率的功率表。校验时，电流线路和电压线路是分别供电的，固称为虚负载法。采用此种连接方式应注意：接有连接片的端子一定要接于电源的进线端，而不能接于电源的出线端，而且被校表与标准表的接线位置不能互相对调，目的是防止被校表电压线圈的励磁电流流经本表的电流线圈或流经标准表的电流线圈而造成误差。

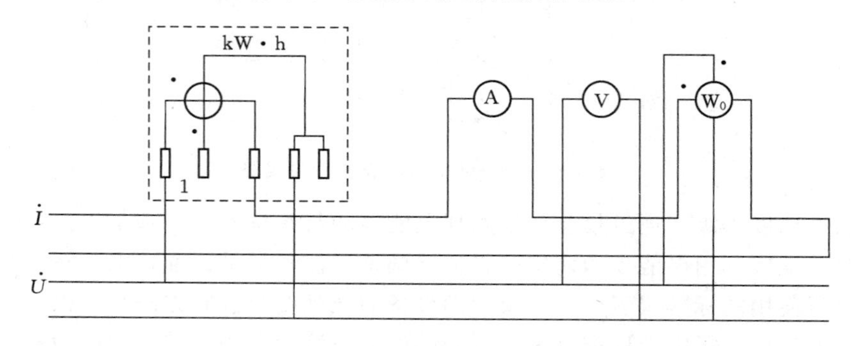

图1-7-6 校验单相有功电能表的接线

2. 校验三相四线有功电能表的接线

校验接线如图1-7-7所示。图中W_1、W_2、W_3代表3只单相标准有功电能表，它们是经标准电压互感器和标准电流互感器接入校验电路的。当采用3只单相标准电能表（或功率表）时，标准表的读数应为3只标准表读数的代数和。当被校表的误差需修正时，应以标准表的组合误差予以修正。组合误差等于3只单相标准表误差的算术平均值。

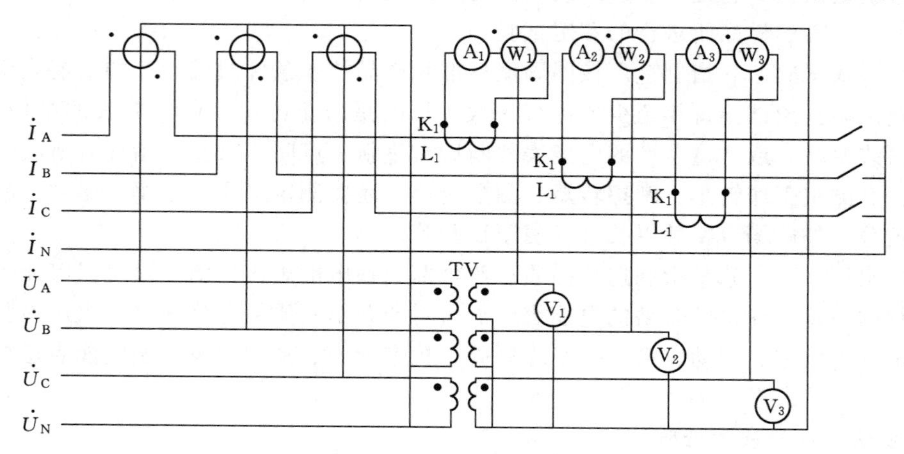

图1-7-7 校验三相四线有功电能表的接线

练习与思考

（1）电压表、电流表的一般检验步骤有哪些？

（2）何谓标准电能表法？说明算定转数的物理意义。

第2篇　电　路　实　验

实验课的作用和基本要求

一、实验课的目的

实验课的主要目的是对学生进行实验基本技能的训练，培养学生的动手能力、分析和解决问题的能力，同时在实验过程中培养学生严肃认真的科学态度和细致认真的工作作风，为后续专业课的学习、实习及今后工作打好基础。

二、实验课的基本要求

（1）掌握常用电工仪器仪表的选择和使用。

（2）掌握按图接线的能力，学会检查和排除简单故障。

（3）掌握正确读取数据和观察实验现象的方法，具有分析和判断实验结果合理性的能力。

（4）学会整理实验数据，正确书写实验报告。

（5）培养学生在实验中规范操作和安全用电的习惯。

三、电路实验课的3个教学环节

电路实验是学生在教师的指导下独立进行实验的一种实践活动，因此在实验过程中应当发挥学生的主观能动性，有意识地培养他们的独立工作能力和严谨的工作作风。每一个实验可分为3个环节：预习、实验操作和实验报告的撰写。

1. 预习

仔细阅读实验教材，了解本实验的原理和方法，并了解实验采用的相关测量仪器的正确使用方法，在此基础上写出实验预习报告。其中要明确哪些物理量是直接测量量，哪些是间接测量量，用什么方法和什么样的测量仪器来测定等。正确写出实验步骤及画出实验电路图及数据记录表格。

2. 进行实验

实验时应遵守实验室规章制度；仔细阅读相关仪器的使用说明书，熟记仪器使用的注意事项；在教师指导下正确使用仪器，注意爱护仪器，稳拿妥放，防止损坏，并且只有在教师检查电路连接正确无误后，方可接通电源进行实验。实验进行时，应合理操作，认真思考，仔细观察，把实验数据细心地记录在预习报告的数据表格内。记录时用钢笔或圆珠笔，不要用铅笔。如需要删去已记录的数据，可用笔划掉，同时注明原因。切勿先将数据随意计在草稿纸上，然后再写进表格内，这是一种不科学的习惯。此外，还要记下所用仪器的型号、编号、规格，并写进正式的实验报告，便于在以后核对数据时查用。

3. 写实验报告

先对数据进行整理计算，然后用简洁的文字撰写实验报告。报告应字迹清楚、文理通顺、图标正确，逐步培养分析、总结问题的能力。对实验结果的图解表示必须仔细从事，力求准确，并利用规尺或曲线板画在坐标纸上。

实验报告的内容一般应包括：

(1) 实验名称、实验者姓名、实验日期。

(2) 实验目的。

(3) 实验原理和方法。要用自己的语言简要叙述，不要照抄书本。

(4) 实验仪器（型号、编号、规格）及装置。

(5) 数据记录及计算。

(6) 实验结果及讨论（如实验中观察到的现象分析、实验中存在的问题、改进实验的建议、实验后的体会、回答实验思考题等）。

实 验 须 知

一、实验前的准备

(1) 认真预习，明确目的，熟悉内容，掌握步骤。

(2) 估算数据，作为参考，画好表格，准备文具。

(3) 设计实验，画出电路，确定参数，拟定步骤。

(4) 教师允许，方可实验，若无准备，不准实验。

二、接线规范

(1) 仪器平稳，布局清晰，调节顺手，读数方便。

(2) 根据估算，选择量限，或选最大，示值过半。

(3) 仪表指针，用前调零，仪器把手，用毕回零。

(4) 分工合作，一人接线，一人检查，依次轮换。

(5) 断电接线，确保安全，未经允许，不得合闸。

(6) 先串后并，连线要短，交叉要少，颜色区别。

(7) 接头连线，不宜集中，螺钉拧紧，不得松动。

(8) 检查接线，先行自查，教师复查，改接再查。

三、操作规范

(1) 教师允许，放可合闸，通知同组："注意合闸!"

(2) 注视仪表，耳闻鼻嗅，若有异常，立即拉闸。

(3) 单手操作，有利安全，裸露部分，不得触摸。

(4) 按步实验，缓慢调节，严肃认真，不离现场。

(5) 细致读数，分清刻度，视线垂直，准确有效。

(6) 做好记录，数据图形，规格参数，完整无缺。

(7) 测毕断电，分析讨论，无误拆线，清理归原。

实验一　认识实验（电压表、电流表、万用表的使用）

一、实验目的

（1）学习实验须知，熟悉实验操作规范和安全用电知识。

（2）认识 ZH—12 型电工实验台的直流、交流输出，直流电压表、直流电流表和 500 型万用表的正确使用。

（3）加强对设备额定值的认识。

（4）学会用万用表检测电路及正确使用电笔。

二、实验原理和说明

（1）ZH—12 型电工实验台简介。

（2）直流电表。只能测量直流，不能测量交流。选择仪表的范围，一般应使被测量的大小为仪表满度值的 1/2 以上。为了读数方便，仪表的刻度常分成若干挡，其满度值由所接端钮或转换开关标出。直流电压表必须并联在被测电路两端，它的“＋”端钮与高电位端相接，“－”端钮与低电位端相接。直流电流表必须串联在被测电路中，电流应从它的“＋”端钮进，“－”端钮出。为了减少对被测电路的影响，电压表的内阻越大越好，电流表的内阻越小越好。

（3）500 型万用表的正确使用见第 1 篇第 3 章的 3.7 节。

图 2－1－1　电笔外形

（4）电笔。试电笔也叫测电笔，简称“电笔”，是一种电工工具，用来测试电线中是否带电，外形如图 2－1－1 所示。笔体中有一氖泡，测试时如果氖泡发光，说明导线有电，或者为通路的火线。试电笔中笔尖、笔尾为金属材料制成，笔杆为绝缘材料制成。使用试电笔时，一定要用手触及试电笔尾端的金属部分；否则，因带电体、试电笔、人体与大地没有形成回路，试电笔中的氖泡不会发光，造成误判，认为带电体不带电。

三、实验仪器设备

（1）ZH—12 型电工实验台。

（2）直流电压表 1 只。

（3）直流电流表 1 只。

（4）500 型万用表 1 只。

（5）电阻器 1 只。

（6）单刀开关1只。

（7）电笔1只。

四、实验内容和步骤

（1）了解ZH—12型电工实验台面板上各旋钮、开关盒接线柱的用途。

（2）识别实验所用直流电压表、直流电流表、500型万用表以及ZH—12型电工实验台内附的电压表和电流表的表面标记与型号，并记录于表2-1-1中。

表2-1-1　仪表的表面标记与型号

名称	型号	规格	电流种类	工作原理	准确度等级	工作位置	内阻或内阻常数
电压表							
电流表							
内附电压表							
内附电流表							

（3）测量ZH—12型电工实验台直流稳压电源的输出电压。将直流电压表接在电源的输出接线柱上，置稳压电源的“电压范围”旋钮于各挡级，依次将电压旋钮按顺时针方向从最左旋至最右，由电源内附电压表和外接电压表分别测输出电压的调节范围，并记录于表2-1-2中。

表2-1-2　直流稳压电源输出电压的测量

“电压范围”挡级（V）		6	12	18	24	30
输出电压调节范围（V）	电源电压表					
	外接电压表					

（4）测量电源的输出电流。按图2-1-2所示接线，电源电压由零逐渐增大，用电流表测量电流，并记录于表2-1-3中。注意：输出电流不能超过电源的额定电流，也不能超过电阻R的额定电流。

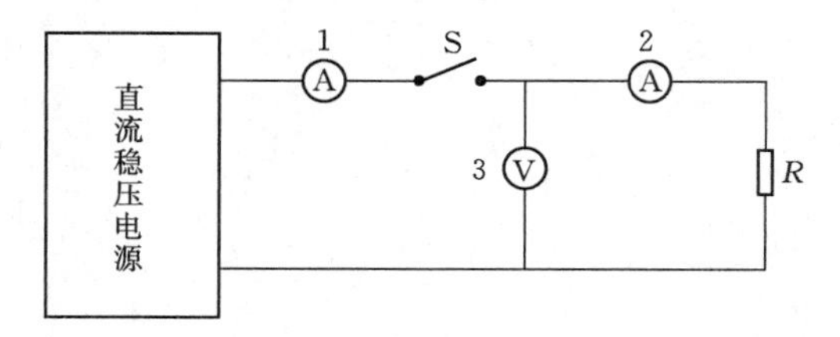

图2-1-2　直流稳压电源输出电流测量的电路

表2-1-3　直流稳压电源输出电流测量

输出电压（V）		5	10	15	20	25	30
输出电流（A）	内附电流表						
	外附电流表						

（5）用试电笔测试实验桌配电板上的交流输出端钮，判别火线和地线。

(6) 用万用表各电压、电流挡再测步骤(3)、(4)。

五、实验分析和讨论

(1) 电源在接通前,为什么要将“电压范围”和“电压调节”旋钮旋至最小位置?

(2) 电源的“+”、“-”输出端之间能否用一导线短路?此时会产生什么情况?

(3) 图2-1-2所示电路中外接电压表和电流表的量限如何选择?两表读数的有效位数为几位?

(4) 图2-1-2所示电路中,电阻 R 的功率应如何选择?

(5) 电路接线的原则之一是“先串后并”,对图2-1-2所示的电路能否先接好电压表,再接右边的电路部分?

六、实验预习要求

预习500型万用表、电压表、电流表的结构、原理和使用方法。

实验二 直流电路电位的测量和研究

一、实验目的

(1) 学习测量直流电路中各点电位的方法。

(2) 加强对电位和电压关系的理解，理解等电位点的物理意义。

(3) 学会用电压表检测电路故障。

二、实验原理和说明

(1) 电路中某点的电位等于该点到参考点的电压，如以 o 点为参考点，则 a 点的电位为

$$\varphi_{\mathrm{a}}=U_{\mathrm{ao}}$$

参考点的电位为

$$\varphi_{\mathrm{o}}=U_{\mathrm{oo}}=0$$

(2) 电路中任意两点间的电压等于两点间的电位差，即

$$U_{\mathrm{ab}}=\varphi_{\mathrm{a}}-\varphi_{\mathrm{b}}$$

所以电压又叫电位差。

(3) 参考点在电路中以接地符号“⊥”标记，但不是真的要接地，而仅作电位测量的基准（零位）点。参考点选的不同，电路中各点的电位也不同，但两点间的电压是不变的，所以，电位的高低是相对的，而两点间的电压是绝对的。

(4) 电位用电压表来测量。当电压表的负表笔（黑表笔）接参考点，正表笔（红表笔）接被测点，指针正向偏转时，所测得的电压值为正，即电位为正，表明被测点的电位高于参考点；如指针反偏，需将正、负表笔对调，所得电压值为负，表明被测点的电位低于参考点。

(5) 把等电位点连接起来，对电路没有影响，连线上没有电流。

(6) 用万用表检测电路故障。

三、实验仪器设备

(1) ZH—12 型电工实验台 1 台。

(2) 500 型万用表 1 只。

(3) 直流电流表 1 只。

(4) 电阻元件两只。

(5) 滑线变阻器 1 只。

四、实验内容和步骤

（1）按图2-2-1所示接线。

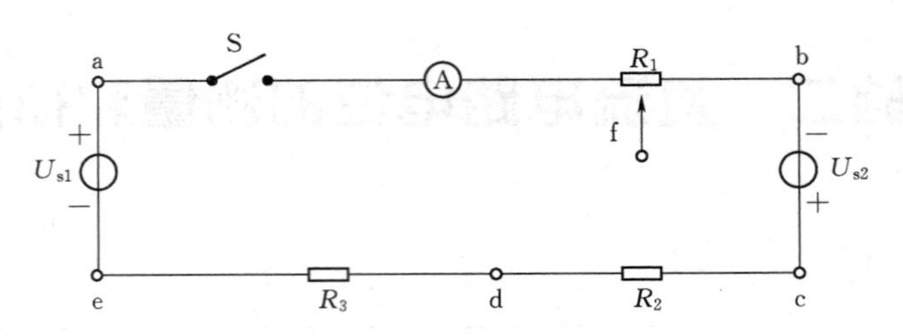

图2-2-1　电位测量的实验电路

（2）合上开关S，分别以e和d为参考点，测量电路的电流、各点的电位及a、b间和b、c间的电压，并记录于表2-2-1中。

表2-2-1　　　　电位的测量

参考点＼数据	测量值								计算值	
	I	φ_a	φ_b	φ_c	φ_d	φ_e	U_{ab}	U_{bc}	$U_{ab}=\varphi_a-\varphi_b$	$U_{bc}=\varphi_b-\varphi_c$
e										
d										
d、f相连（d、f等电位）										

（3）将电压表接在滑线电阻器的可动触头f与参考点d之间，移动可动触头的位置，使电压表的读数为零，然后用导线将f和d短接，测量电路电流、各点的电位及a、b间和b、c间的电压，并记录于表2-2-1中。

（4）用电压表检查电路的开路故障位置，将图2-2-1所示电路中的开关S合上，d点断开，如图2-2-2所示。

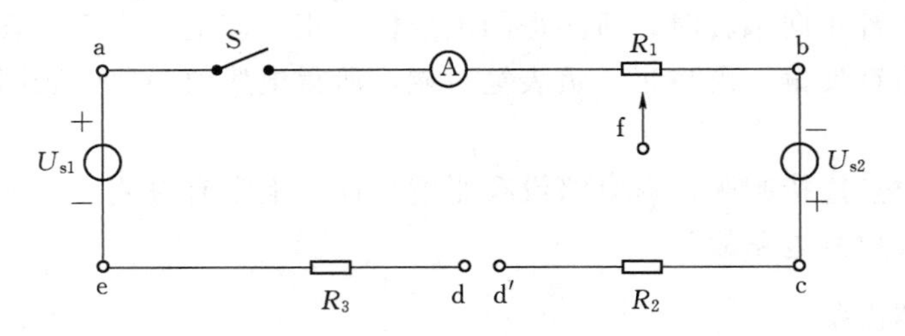

图2-2-2　检查故障的电路

（5）红表笔接在a点，测量下列各点间的电压，并记录于表2-2-2中，以确定故障点。

表 2-2-2　故障点的确定（一）

U_{ba}	U_{ca}	$U_{d'a}$	U_{da}	U_{ea}	确定故障点

（6）黑表笔接在 e 点，测量下列各点间的电压，并记录于表 2-2-3 中，以确定故障点。

表 2-2-3　故障点的确定（二）

U_{ae}	U_{be}	U_{ce}	$U_{d'e}$	U_{de}	确定故障点

注意：如指针反偏，需将正、负表笔对调，所得电压值为负。

五、实验分析和讨论

（1）实验测得的电位与计算结果是否相符？如有误差，是什么原因？

（2）所用电流表和电压表（万用表电压挡）的量限应如何选择？

（3）为什么将等电位点短接时对电路的工作状态不产生影响？

六、实验预习要求

（1）复习电路基础课中有关电压和电位的内容以及无分支电路的计算。

（2）根据给定的电源电压和各电阻值，计算电路中的电流，即

$$I=\frac{U_{s1}+U_{s2}}{R_1+R_2+R_3}$$

核算此电流是否超过电源和电阻器的额定电流。

（3）根据表 2-2-1 所列的要求，估算以 e 和 d 点为参考点时电路中各点的电位，作为测电位时的参考。

实验三　实际电源的外特性

一、实验目的

（1）学习测量实际电源外特性的方法。

（2）建立对电源的感性认识。

二、实验原理和说明

（1）电源端电压 U 与其输出电流 I 之间的关系曲线，称为电源的外特性曲线，简称外特性。

（2）理想电压源的端电压 U 为一定值，即 $U=U_s$，它与输出电流 I 无关，其输出电流由外接电路的情况来确定。它的外特性是一条平行于 I 轴的直线，如图 2-3-1 中的直线 1 所示。实验用的直流稳压电源的内阻很小，与外电路电阻相比可以忽略不计，其输出电压基本维持不变，因此，直流稳压电源可以用理想电压源的电路模型替代。

（3）实际直流电压源都有一定的内阻 r_i，因而其端电压 U 随输出电流 I 的变化而变化，它们的关系式是

$$U=U_s-r_iI$$

它的外特性如图 2-3-1 中的直线 2 所示，内阻 r_i 越大，θ 角越大。

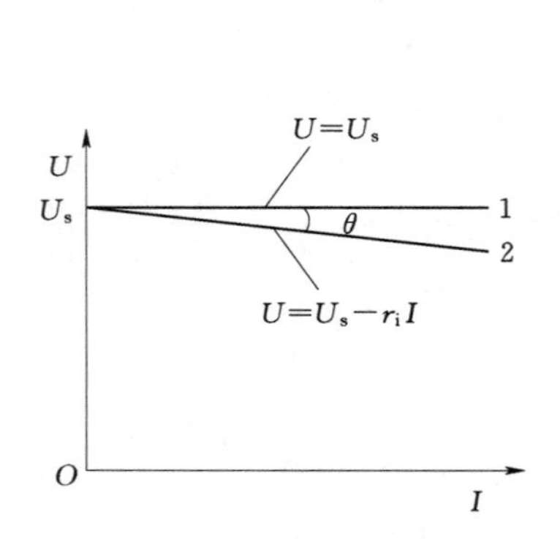

图 2-3-1　直流电压源的伏安特性

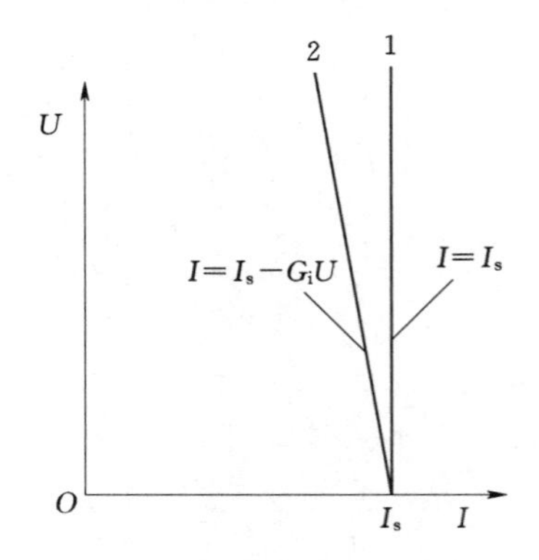

图 2-3-2　直流电流源的伏安特性

实际电压源可以用一个稳压电源 U_s 和一个电阻 r_i 的串联组合来模拟。

（4）理想电流源的输出电流 I 为一定值，即 $I=I_s$，与其端电压 U 无关。其端电压 U 由外接电路的情况来确定。它的外特性如图 2-3-2 中的直线 1 所示，为一条与 U 轴平行的直线。实验用的直流稳流电源，在一定的工作范围内可用理想电流源的电路模型替代。

（5）实际电流源都有一定的内阻 r_i（电导 G_i），输出电流 I 随端电压 U 的变化而变化，可以用一直流稳流电流源 I_s 和一个内阻 r_i 的并联组合来模拟，其外特性如图 2－3－2 中的直线 2 所示，外特性关系式为

$$I=I_s-G_iU$$

三、实验仪器设备

（1）ZH—12 型电工实验台 1 台。

（2）直流毫安表 1 只。

（3）电压表或万用表 1 只。

（4）电阻 1 只。

（5）电阻箱 1 只。

（6）单刀开关 1 只。

四、实验内容和步骤

1．测量直流稳压电源（理想电压源）的外特性

（1）其实验电路如图 2－3－3 所示，其中 R_1(200Ω) 为限流电阻，R_2(0～1000Ω) 为可变电阻器。

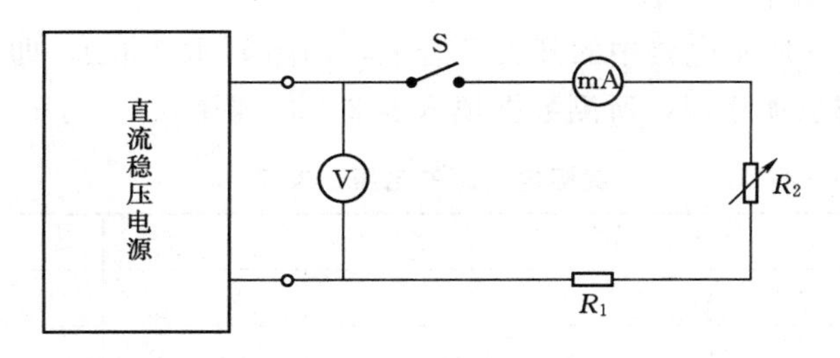

图 2－3－3　直流稳压电源外特性的测量电路

（2）使直流稳压电源的输出电压为 10V，改变可变电阻器 R_2 的值（由大到小），使电路中的电流分别为表 2－3－1 所示数值，测量直流稳压电源的输出电压，并记入于表 2－3－1 中。

表 2－3－1　　直流稳压电源的输出电压、电流

I(mA)	0	10	20	30	40	50
U(V)	10					

2．测量实际电压源的外特性

（1）其实验电路如图 2－3－4 所示，图中内阻 r_i 取 100Ω。

（2）实验步骤与前项相同，所测数据记录于表 2－3－2 中。

表 2－3－2　　实际电源的输出电压和电流

I(mA)	0	20	40	60	80	100
U(V)	10					

3．测量理想电流源的外特性

（1）其实验电路如图 2－3－5 所示，开关 S 打开，即模拟理想电流源。

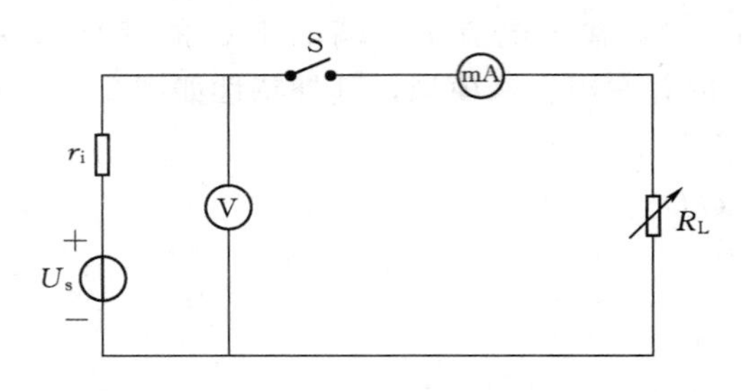

图 2-3-4　实际电压源外特性的测量电路

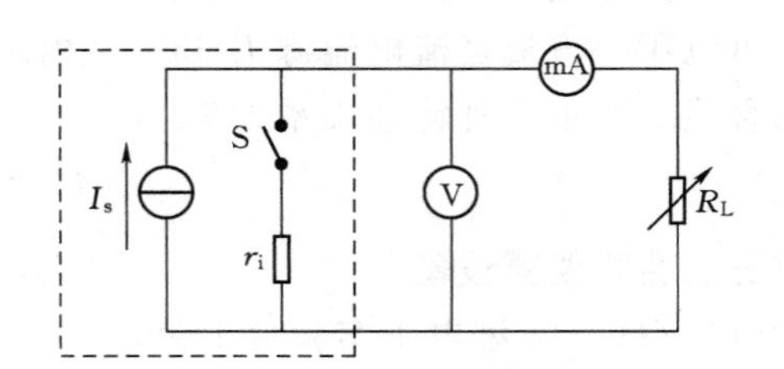

图 2-3-5　实际电流源外特性测量的电路

（2）使直流稳流电源的输出电流为100mA左右，改变可变电阻 R_L，分别如表2-3-3中数值所示，测量直流稳压电源的端电压，并记录于表2-3-3中。

表 2-3-3　　理想电流源的电压和电流

R_L(Ω)	0	10	20	30	40	50
I(mA)						
U(V)						

4．测量实际电流源的外特性

（1）将图2-3-5所示电路中的开关S合上，内阻 r_i 取100Ω，即模拟实际电流源。

（2）实验步骤与前项相同，所测数据填入表2-3-4中。

表 2-3-4　　实际电流源的电压、电流

R_L(Ω)	0	10	20	30	40	50
I(mA)						
U(V)						

五、实验分析和讨论

（1）电源的内阻对其外特性有何影响？

（2）据表2-3-1～表2-3-4所示的数据记录，分别作出各外特性曲线，并加以比较。

（3）在图2-3-3中，R_1 有什么作用？如果没有 R_1，在合闸前电阻 R_2 的值应调在什么位置？

（4）在图2-3-5中，为什么 R_L 回路中没有开关？当S打开时，R_L 应调在什么位置？

六、实验预习要求

（1）复习有关电源的理论知识。

（2）阅读本实验的原理与说明。

实验四　电压表和电流表的检验

一、实验目的

（1）学习检验磁电系电压表和电流表基本误差的直接比较法。

（2）练习以滑线变阻器作分压器使用。

二、实验原理和说明

（1）根据《电测量指示仪表检验规程》的规定，仪表在使用一段时间后，要定期进行质量检验，以保证仪表在使用期间准确度等级符合要求。对新安装和新投入使用的仪表也应进行检验。检验的期限、项目和方法等在规程中均有具体规定。

（2）直接比较法。这是检验0.5级以下仪表用得最多的方法。图2-4-1是检验磁电系电压表基本误差的电路。图中V_x是被检表，V_0是标准表，R是滑线可变电阻器。检验电路应能保证电压U在从零值至被检表的上量限范围内，得到平稳而连续的调节。通常，由稳压电源和可变电阻R进行电压调节，前者作粗调，后者作细调。可变电阻R的滑动触头移动时，在c、b间可得变动的电压。当c在b点时，$U=0$；当c在a点时，$U=U_s$，可变电阻R在这里作分压器用。

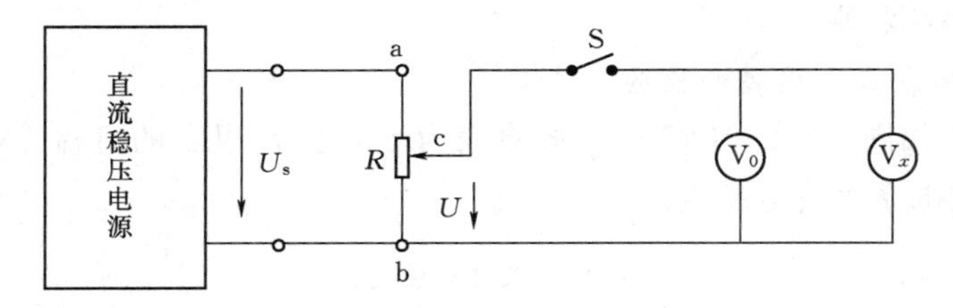

图2-4-1　磁电系电压表基本误差的检验电路

图2-4-2是检验磁电系电流表基本误差的电路，图中A_x是被检表，A_0是标准表，R是滑线可变电阻器。检验电路应能保证电流I在从零值至被检表的上限范围内，得到平稳而连续的调节。通常，由稳压电源和可变电阻R进行电流调节。调节时，先调节稳压电源的输出电压，再调节可变电阻。

（3）对标准表的要求。

1）标准表系列与被检表系列应尽可能相同。

2）标准表的准确度等级应比被检表的高两级以上。

3）标准表的量限与被检表的应一致。

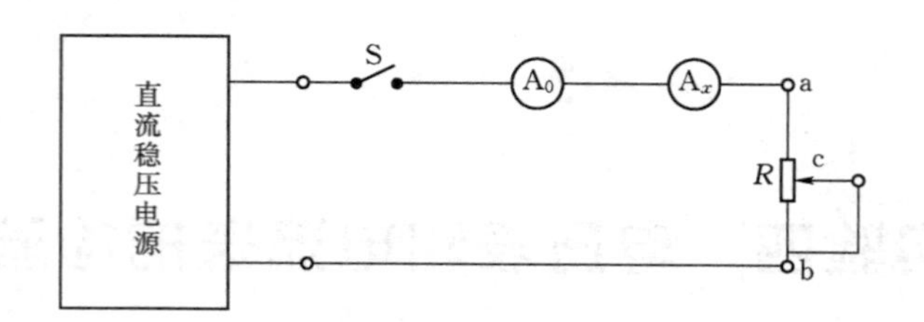

图 2-4-2 磁电系电流表基本误差的检验电路

(4) 标准表的标尺长度。准确度等级为0.5级的，不小于130mm；准确度等级为0.2级的，不小于200mm。

(5) 电压和电流的调节。实验前，先使仪表的指针指零，然后从零值开始使电压或电流平稳而均匀地上升，取被检表的整数读数（指针指在刻度线的主分格线上），逐个读取标准表的指示值，直至满度值；再使电压或电流从满度值均匀下降，重复测量各取值的读数，直至被检表的零值为止。要注意，使量值上升或下降时，不得回调。在被检表的同一取值上，标准表在上升和下降时读数的差值称为升降变差。

三、实验仪器设备

(1) ZH—12型电工实验台1台。

(2) 直流电压表（作标准表用）1只。

(3) 直流毫安表（做标准表用）1只。

(4) 500型万用表（直流5V挡、50mA挡分别作被测表）1只。

(5) 滑线可变电阻器1只。

(6) 单刀开关1只。

四、实验内容和步骤

1. 磁电系电压表基本误差的检验

(1) 实验电路如图2-4-1所示，被检表为500型万用表的直流5V挡，标准表为0.5级或1.0级磁电系直流电压表。

表2-4-1　　　　电 压 表 的 校 验

测量值	被检测电压 U_x(V)	0	1	2	3	4	5	4	3	2	1	0
	标准表电压 U_0(V)											
计算值	绝对误差 $\Delta=U_x-U_0$(V)											
	引用误差 $\gamma_n=\frac{\Delta}{U_m}\times100\%$											
	最大引用误差 $\gamma_{nm}=$											
	确定被检表的准确度等级 K											
检查结论：被检表直流5V挡符合（或不符合）准确度等级要求												

（2）按表 2－4－1 所列 U_x 值，读取标准表的示值，记录于表 2－4－1 中，计算表中所列各项误差，并检验被检表直流 5V 挡是否符合准确度要求。

注意事项：

（1）每次接通或切断电源（S 闭、开）时，首先调节分压器的滑动触头 c，将其置于 b 的位置。

（2）标准表的读数应符合有效数字的规则。

（3）升、降各做一次测量，若调节时超过了测量点，应调回来重新调到测量点。

2. *磁电系电流表基本误差的检验*

（1）其实验电路如图 2－4－2 所示，被检表为万用表的直流 50mA 挡，标准表为 0.5 级或 1.0 级磁电系直流电流表。

（2）按表 2－4－2 所示 I_x 值，读取标准表的示值，并记录于表 2－4－2 中，计算表中各项误差，并检验被检表直流 50mA 挡是否符合准确度要求。

表 2－4－2　　电流表的校验

测量值	被检测电流 I_x(mA)	0	10	20	30	40	50	40	30	20	10	0
	标准表电流 I_0(mA)											
计算值	绝对误差 $\Delta=I_x-I_0$(mA)											
	引用误差 $\gamma_n=\frac{\Delta}{I_m}\times 100\%$											
	最大引用误差 $\gamma_{nm}=$											
	确定被检表的准确度等级 K											
检查结论：被检表直流 50mA 挡符合（或不符合）准确度等级要求												

五、实验分析和讨论

（1）为什么取被检表的指示值为整数，而不是取标准表的示值为整数？

（2）为什么在读数上升或下降时不得有回调现象？

六、实验预习要求

阅读本实验指导书，以及第 1 篇第 2 章的 2.3 节、第 1 篇第 2 章的 2.4 节及第 1 篇第 7 章的 7.3 节。

实验五　基尔霍夫定律的验证

一、实验目的

（1）验证基尔霍夫定律。

（2）加深对参考方向的理解。

二、实验原理和说明

基尔霍夫定律是电路最基本的定律，它概括了电路中电流和电压分别应遵循的定律。

（1）基尔霍夫电流定律（KCL）：任一时刻，任一电路的任一节点，流进和流出节点电流的代数和恒等于零，即

$$\sum I=0$$

（2）基尔霍夫电压定律（KVL）：任一时刻，沿任一电路的任一闭合回路各电压降的代数和恒等于零，即

$$\sum U=0$$

（3）参考方向。电流或电压的参考方向是决定电流、电压数值为正的标准。电流、电压参考方向有具体的意义，用直流电流表可以测定一条支路中电流的大小和方向，指示值反映电流的大小，而电流的方向可以先假设，使其从电流表的“＋”端流入，而从“－”端流出，这个假定的方向就是参考方向。如果假定的方向和实际方向一致，电流表便正向偏转，读数记为正；如果假定的方向和实际方向相反，电流表便反向偏转，这时要将电流表反接，读数记为负值。电压的参考方向也叫参考极性，其意义与电流的参考方向相同。

三、实验仪器设备

（1）ZH—12 型电工实验台 1 台。

（2）500 型万用表 1 只。

（3）直流毫安表 3 只。

（4）电阻 5 只。

（5）单刀开关 2 只。

四、实验内容和步骤

（1）按图 2－5－1 所示电路接线，其中 U_{s1} 和 U_{s2} 为直流稳电压源的两路输出电压。

（2）验证 KCL。合上 S_1 和 S_2，测量 3 条支路中的电流，并记录于表 2－5－1 中，与预算值相比较。测量时，要注意电流表应按图 2－5－1 所示的电流参考方向接入。若指针反向偏转，再将电流表反接，读数冠以负号。

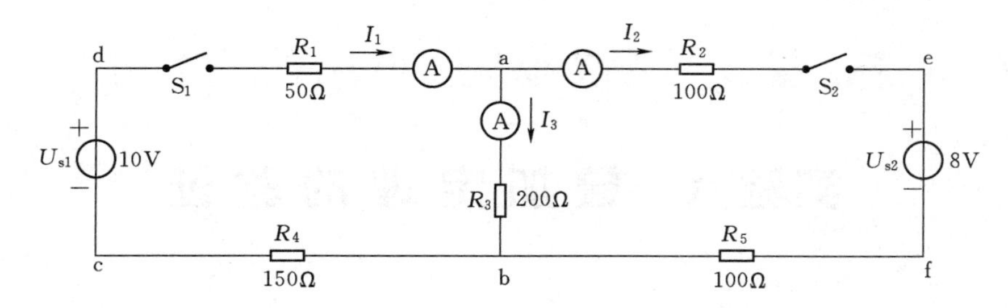

图 2-5-1　基尔霍夫定律验证的实验电路

表 2-5-1　　**基尔霍夫电流定律的验证**

值	I_1(mA)	I_2(mA)	I_3(mA)	验证 KCL
预算值				$I_1-I_2-I_3=$
测量值				$I_1-I_2-I_3=$

（3）验证 KVL。测量各元件两端的电压，并记录于表 2-5-2 中，同样要注意电压数值的正、负，电阻的电压与电流选用关联参考方向。

表 2-5-2　　**基尔霍夫电压定律的验证**

回路	U_{s1}(V)	U_{s2}(V)	U_{R1}(V)	U_{R2}(V)	U_{R3}(V)	U_{R4}(V)	U_{R5}(V)	验证 KVL
abfea								
bcdab								
daefbcd								

五、实验分析和讨论

（1）将实测值与预算值相比较，分析误差原因。

（2）测量时能否任选电流和电压的参考方向，其结果如何？若不选参考方向行不行？

六、实验预习要求

（1）根据给定的电源电压和各电阻值，计算各支路的电流，核算各电流是否超过流经元件的额定值。

（2）进一步理解和掌握参考方向的概念。在实际测量中如何判定被测电压、电流的正、负。

实验六　叠加定理的验证

一、实验目的

（1）验证叠加原理。

（2）加深对线性电路齐性定理的认识。

二、实验原理和说明

（1）叠加定理。叠加定理是反映线性电路基本定律的一个重要定理。其内容是：在线性电路中，如果有两个或两个以上的独立电源共同作用，则任意支路的电流或电压响应，等于电路中各个独立电源分别单独作用产生响应的代数和。

（2）齐性定理。当电路中只有一个激励时，网络的响应与激励成正比。

三、实验仪器设备

（1）ZH—12 型电工实验台 1 台。

（2）直流电压表 1 只。

（3）直流毫安表 3 只。

（4）电阻 3 只。

（5）双刀双掷开关 2 个。

四、实验内容和步骤

（1）按图 2-6-1 所示接线，其中 $U_{s1}=10V$、$U_{s2}=5V$、$R_1=200\Omega$、$R_2=100\Omega$、$R_3=300\Omega$；开关 S_1 和 S_2 分别控制两电源，控制其是否作用于电路。

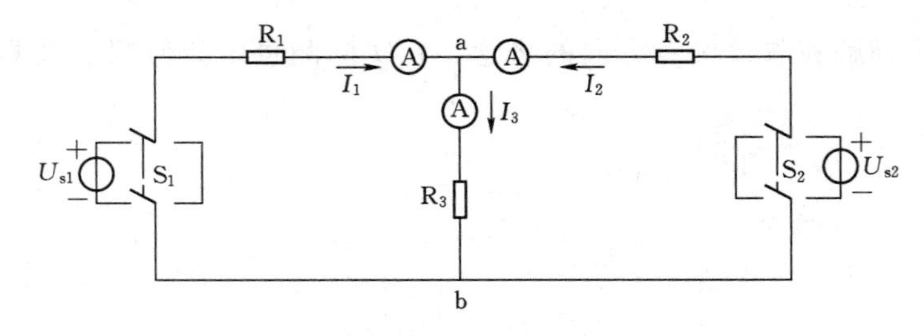

图 2-6-1　叠加定理验证的电路

（2）验证叠加定理。

1）将开关 S_1 和 S_2 都合向左侧，即测量 U_{s1} 单独作用于电路时各支路的电流 I_1'、I_2'、I_3'和电压 U_{ab}'，并记录于表 2-6-1 中。测量时，要注意电流的正、负符号。

2）将开关 S_1 和 S_2 都合向右侧，即测量 U_{s2} 单独作用于电路时各支路的电流 I_1''、I_2''、I_3'' 和电压 U_{ab}''，并记录于表 2-6-1 中。

3）将开关 S_1 合向左侧，S_2 合向右侧，即测量 U_{s1} 和 U_{s2} 共同作用时各支路的电流 I_1、I_2、I_3 和电压 U_{ab}，并记录于表 2-6-1 中。

表 2-6-1　　叠加定理的验证

U_{s1}(V) 单独作用	I_1'	I_2'	I_3'	U_{ab}'
U_{s2}(V) 单独作用	I_1''	I_2''	I_3''	U_{ab}''
U_{s1}(V)、U_{s2}(V) 共同作用	I_1	I_2	I_3	U_{ab}
验证	$I_1'+I_1''$	$I_2'+I_2''$	$I_3'+I_3''$	$U_{ab}'+U_{ab}''$

（3）验证线性电路的齐性定理。

1）实验电路仍如图 2-6-1 所示，将开关 S_1 和 S_2 均合向左侧（即测量 U_{s1} 单独作用），调节 $U_{s1}=5V$，测量各支路电流 I_1、I_2、I_3、U_{R1} 和电压 U_{ab}，并记录于表 2-6-2 中。

2）将 U_{s1} 升至 10V，测量项目与 1）相同，并记录于表 2-6-2 中。

3）将 U_{s1} 升至 15V，测量项目与 1）相同，并记录于表 2-6-2 中。

表 2-6-2　　齐性定理的验证

U_{s1}(V)	I_1(mA)	I_2(mA)	I_3(mA)	U_{R1}(V)	U_{ab}(V)
5(V)					
10(V)					
15(V)					

五、实验分析和讨论

（1）用实测的各电流值与计算值相比较，说明叠加定理和齐性定理的正确性。

（2）如果将 R_3 用灯泡替换，叠加原理和齐性定理是否还适用？

六、实验预习和要求

（1）计算图 2-6-1 中各电流，并以此值来选择电流表的量限。

（2）复习电路基础有关理论知识，认真阅读本指导书内容及双刀双掷开关在电路中的作用（即电源是如何通过开关 S 变换接线，使其发生作用或不发生作用）。

实验七　电阻星形连接和三角形连接的等效变换

一、实验目的

（1）验证电阻星形连接和三角形连接的等效变换。

（2）加深对无源二端网络等效概念的理解。

二、实验原理和说明

（1）图 2-7-1 所示的三端网络的等效条件是对应端的电流（I_a、I_b、I_c）相等，对应端间的电压（U_{ab}、U_{bc}、U_{ca}）也相等。

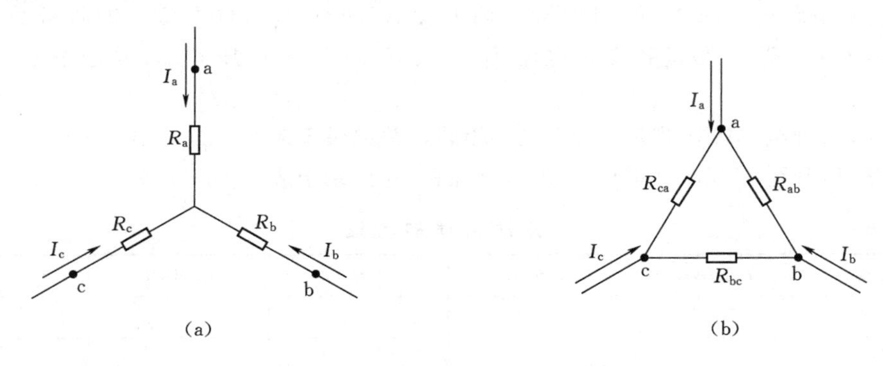

图 2-7-1　电阻的 Y—Δ 变换

（a）Y 连接；（b）Δ 连接

（2）Y—Δ 等效变换公式。

1）Δ 连接等效变换为 Y 连接。

$$R_a=\frac{R_{ab}R_{ca}}{R_{ab}+R_{bc}+R_{ca}},R_b=\frac{R_{bc}R_{ab}}{R_{ab}+R_{bc}+R_{ca}},R_c=\frac{R_{ca}R_{bc}}{R_{ab}+R_{bc}+R_{ca}}$$

2）Y 连接等效变换为 Δ 连接。

$$R_{ab}=R_a+R_b+\frac{R_aR_b}{R_c},R_{bc}=R_b+R_c+\frac{R_bR_c}{R_a},R_{ca}=R_c+R_a+\frac{R_cR_a}{R_b}$$

三、实验仪器设备

（1）ZH—12 型电工实验台 1 台。

（2）直流毫安表 3 只。

（3）500 型万用表 1 只。

（4）电阻箱 4 只。

（5）单刀开关 2 只。

四、实验内容和步骤

1. Y—Δ 连接等效变换的验证（一端电源的情况）

（1）验证 Y—Δ 连接等效变换的电路，如图 2-7-2（a）所示。其中 R_a、R_b、R_c 构成 Y 连接，$R_a=30\Omega$、$R_b=50\Omega$、$R_c=75\Omega$，$U_S=12V$，$R_L=100\Omega$。

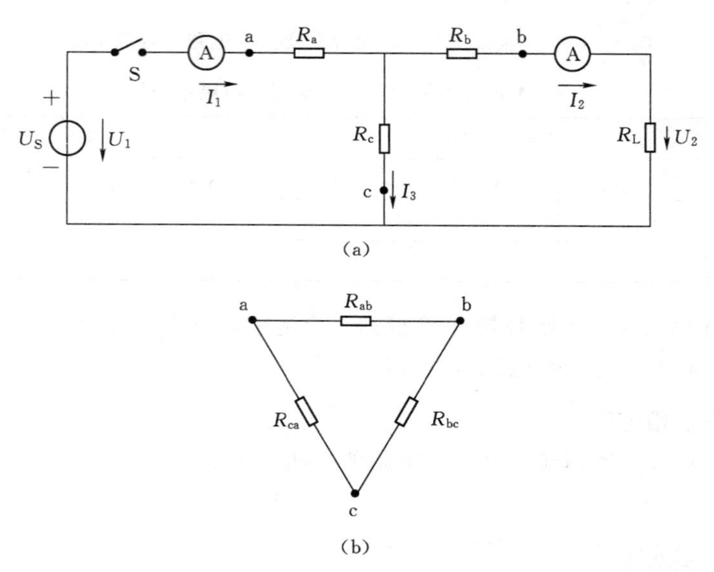

图 2-7-2　验证 Y—Δ 连接等效变换的电路（一端电源）
（a）Y 连接；（b）Δ 连接

（2）合上开关 S，测量星形连接电阻的 3 个端钮的电流和端钮间的电压，并记录于表 2-7-1 中。

表 2-7-1　Y、Δ 连接的端钮电压、电流（一端电源）

连接方式	对应端间的电压			对应端的电流		
	U_{ab}(V)	U_{bc}(V)	U_{ca}(V)	I_1(A)	I_2(A)	I_3(A)
Y						
Δ						

（3）将图 2-7-1（a）中的 Y 连接用图 2-7-1（b）的 Δ 连接电阻替换（由计算得 $R_{ab}=$__________，$R_{bc}=$__________，$R_{ca}=$__________），重复上项测量，并记录于表 2-7-1 中，验证变换后，对电源和负载有没有产生影响。

2. Y—Δ 连接等效变换的验证（两端电源的情况）

（1）将图 2-7-2（a）所示电路中的负载电阻 R_L 用直流电压源 U_{s2} 代替，如图 2-7-3 所示，$U_{s2}=15V$。

（2）合上开关 S_1 和 S_2，测量星形连接电阻的 3 个端钮的电源和端钮间的电压，并记录于表 2-7-2 中。

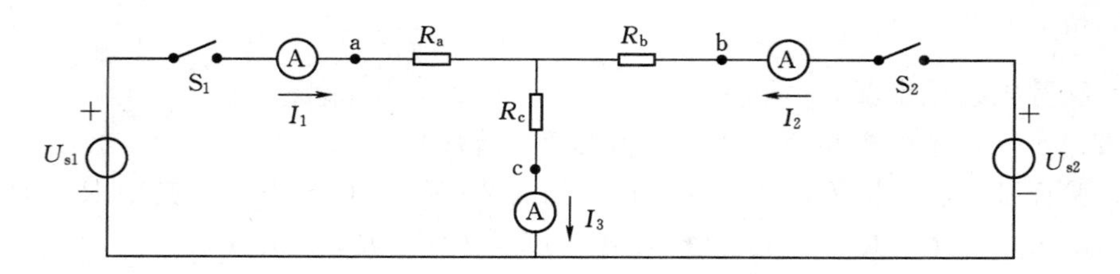

图 2-7-3　验证 Y—Δ 连接等效变换的电路（两端电源）

表 2-7-2　　Y、Δ 连接的端钮电压、电流（两端电源）

连接方式	对应端间的电压			对应端的电流		
	U_{ab}(V)	U_{bc}(V)	U_{ca}(V)	I_1(A)	I_2(A)	I_3(A)
Y						
Δ						

（3）用 Δ 连接的 3 个电阻替换 Y 连接的 3 个电阻，重复上项测量，并记入表 2-7-2 中，验证变换后对上述电压和电流有没有影响。

五、实验分析和讨论

能否用测量对应任意两端间的等效电阻的办法来验证 Y—Δ 的等效变换，试说明实验方法。

六、实验预习要求

（1）计算图 2-7-2（b）所示的 Δ 连接各电阻值。

（2）明确三端网络的等效条件。

实验八　戴维南定理的验证

一、实验目的

（1）验证并加深理解戴维南定理。

（2）学会测量有源二端网络的等效电压源电压（等效电动势）和等效内阻。

（3）测绘电压源的输出功率曲线，验证电源输出最大功率的条件。

二、原理和说明

（1）戴维南定理有源二端网络的开路电压：任何一个线性有源二端网络，都可以用一个理想电压源 E_0 和电阻 R_0 串联的有源支路来等效代替（图 2-8-1），其理想电压源的电压（也称等效电动势）E_0 等于原来有源二端网络的开路电压 U_0，其电阻 R_0 等于原来网络内所有电动势为零时的入端电阻。

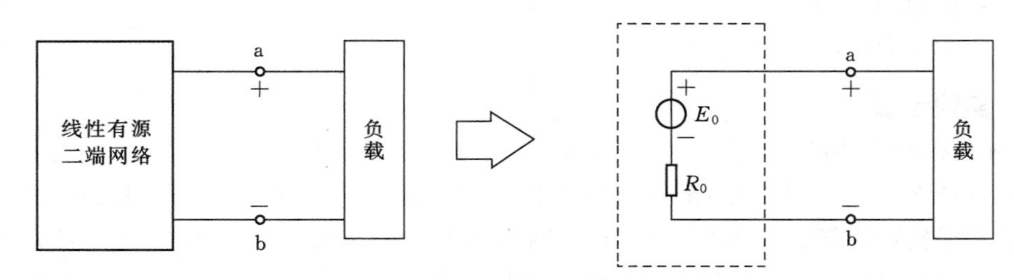

图 2-8-1　戴维南定理

应用戴维南定理时，被交换的二端网络必须是线性的，外部电路则可以是线性或非线性的。

（2）有源二端网络的等效入端电阻可以用电流表直接接于网络两引出端［图 2-8-2(a)］，测出短路电流 I_s 后，由下式计算：

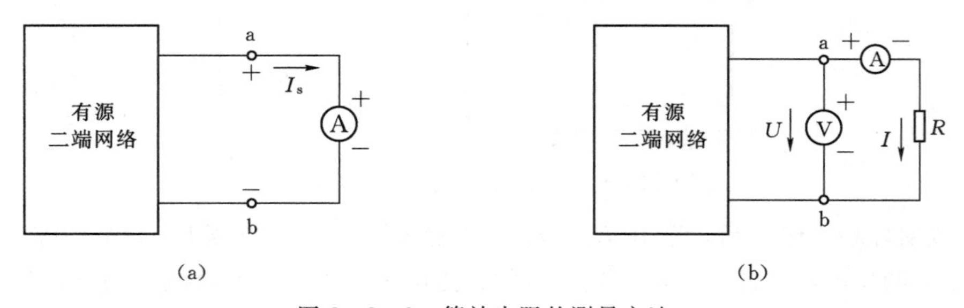

图 2-8-2　等效内阻的测量方法

$$R_0 = \frac{U_0}{I_s}$$

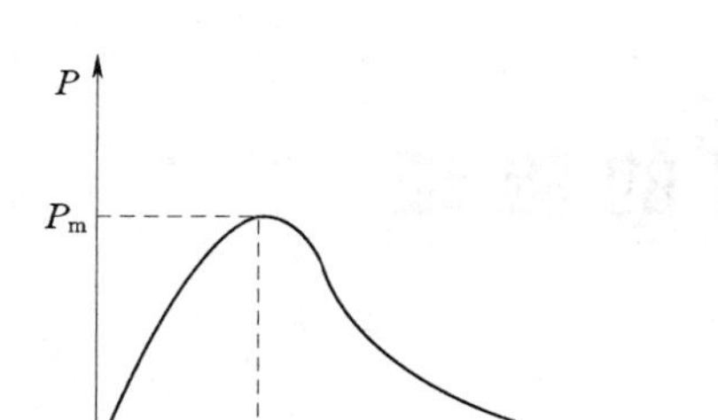

图 2-8-3　输出功率曲线

对于不允许直接短路的网络（因短路电流 I_s 太大可能损坏网络内部元件或电流表），可以用电流表串联已知阻值的电阻再接于网络两引出端。如果电阻值未知，可加用电压表接于网络端口，如图 2-8-2（b）所示。然后按下面公式计算入端电阻：

$$R_0 = \frac{U_0}{I} - R$$

（3）有源二端网络输出电流、电压和输出功率随负载电阻的变化而变化，其功率与负载电阻的关系如图 2-8-3 所示。当负载电阻与二端网络的等值内阻相等时，网络的输出功率最大，而负载电压为网络等效电动势的一半，传输效率仅为 50%。

三、仪器设备

（1）ZH-12 电工实验台 1 台。

（2）直流电压表（500 型万用表）1 只。

（3）直流电流表 1 只。

（4）旋式电阻箱 ZX21 型 1 只。

（5）定值电阻 3 只。

（6）开关 2 只。

四、实验步骤

1. 测定有源二端网络的等效电源参数

（1）按图 2-8-4 接好电路。U_s 为稳压电源，虚线方框内的电路（包括稳压电源）为本实验所研究的有源二端网络，a、b 为网络的两个引出端，R 为网络的外部负载（用电阻箱）。将稳压电源的电压旋钮（粗调、细调）旋回零输出位置，并选好本实验所需的电流表、电压表量程。

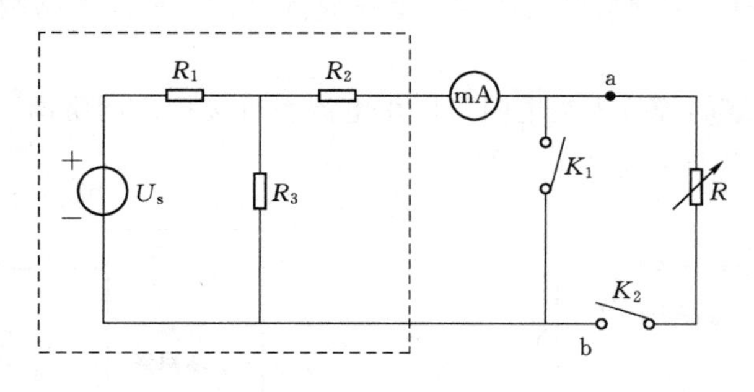

图 2-8-4　戴维南定理实验电路

（2）线路经检查无误后，断开 K_1、K_2，将稳压电源输出电压 U_s 调至 10V，用电压表测量 a、b 两端电压，即为有源二端网络的开路电压，也就是等效电源的电动势 E_0，记录于表 2-8-1。

（3）将 K_1 闭合，所得的电流表读数即为有源二端网络的短路电流 I_s。由公式 $R_0=E_0/I_s$ 计算出二端网络的入端电阻（即等效电源内阻），将 I_s、R_0 数值记于表 2-8-1。

2．验证戴维南定理

（1）将 K_1 断开 K_2 闭合，改变负载 R 为不同数值时，测量二端网络的输出电流和电压，并将各对应的 R、U、I 读数记入表 2-8-2 中。

（2）以实验得到的 E_0 串联 R_0 为电压源，按下式

$$I=\frac{E_0}{R_0+R}$$

计算负载电阻为上述不同数值时对应的电流，记入表 2-8-2 中，并与测量结果比较，验证戴维南定理。

（3）根据测量数据在方格纸上绘制有源二端网络的外特性曲线 $U=f(I)$。

3．绘制电源输出功率曲线

（1）继续调节负载电阻（$R=R_0$ 及 R_0 附近的数值多寻找几点），测量电压 U 和电流 I，并记录在表 2-8-2 中。

（2）计算表 2-8-2 中各次测量的负载功率，看是否在 $R=R_0$ 电源输出功率最大。在方格纸上以 R 为横轴、P 为纵轴，绘制有源二端网络输出功率曲线 $P=f(R)$，标出最大输出功率的坐标值。

五、实验数据和结果

表 2-8-1　　有源二端网络的等效电源参数

等效电动势 E_0/V	短路电流 I_s	等效内阻 $R_0=U_0/I_s$

表 2-8-2　　有源二端网络的外特性和输出功率

	负载电阻 R/Ω	10	20	30	40	50	60	…	R_0	…	150	160	170	180	190	200
测量	输出电压/V															
	输出电流/mA															
计算	输出电流/mA															
	输出功率/W															
输出最大功率时		P_{max}/W					R/Ω			$\eta=\frac{P_{max}}{EI_s}\times100\%$						

六、注意事项

注意电阻箱的正确使用，勿使电流超出电流表、电阻箱各挡的额定电流。

七、思考题

本实验采用由等效电源（E_0 和 R_0 串联）计算出的负载电流与测量得到的有源二端网络输出电流相比较的方法验证戴维南定理，你能否以本实验器材模拟等效电源，用实验方法验证戴维南定理？

实验九 电阻的测量

一、实验目的

(1) 学习用万用表（欧姆表）测量电阻。

(2) 学习用直流单臂电桥、直流双臂电桥和兆欧表测量电阻。

二、实验原理和说明

直流电阻的测量是电工、电子技术中一项重要的元件参数的测量。根据电阻阻值大小的不同，将电阻分为低值电阻、中值电阻和高值电阻。不同电阻测量所用的仪器和所选的方法各不相同。表 2-9-1 列出了各种电阻测量方法适用的范围及优、缺点。

表 2-9-1　　电阻各测量方法的优、缺点

被测电阻阻值范围	测量方法	优点	缺点
低值电阻	直流双臂电桥	准确度高	操作麻烦
中值电阻	万用表欧姆挡（欧姆表）	直接读数 操作方便	测量误差大
	伏安法	可在给定工作状态下测量、可测量非线性电阻	需要计算
	直流单臂电桥	准确度高	操作麻烦
高值电阻	兆欧表法	直接读数 操作方便	测量误差大

各种方法及各种仪表的结构、原理和正确使用见第 1 篇第 3 章“电阻的测量和万用表”。

三、实验仪器设备

(1) 500 型万用表 1 只。

(2) 直流单臂电桥 1 台。

(3) 直流双臂电桥一台。

(4) 兆欧表一台。

(5) 待测电阻 3 只。

(6) 待测长直导线（铜、铝）各一段。

四、实验内容和步骤

(1) 用万用表的欧姆挡粗测电阻 R_1、R_2、R_3，核定它们的标称值，并记录于表 2-

9－2中。

（2）用单臂电桥测量3只电阻器的阻值，记录于表2－9－2中，并以单臂电桥测得值为实际值，计算标称值的相对误差。

表2－9－2　　中值电阻的测量

电阻器的标称值（Ω）	万用表测量			单臂电桥测量			测量电阻的相对误差
	倍率	面板读数（Ω）	测量值（Ω）	比率臂	比较臂（Ω）	测量值（Ω）	
$R_1=$							
$R_2=$							
$R_3=$							

（3）用直流双臂电桥测量导线的电阻，并记录于表2－9－3中。再以错误接法重测电阻值，记录于表2－9－3中。两种接法如图2－9－1所示。

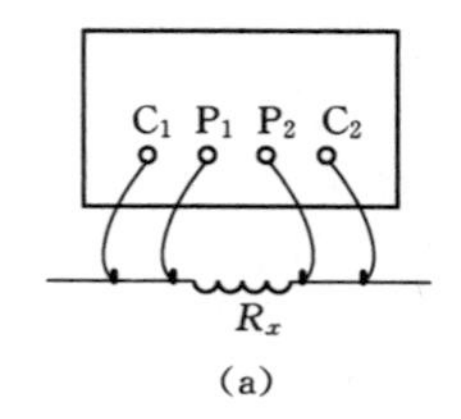

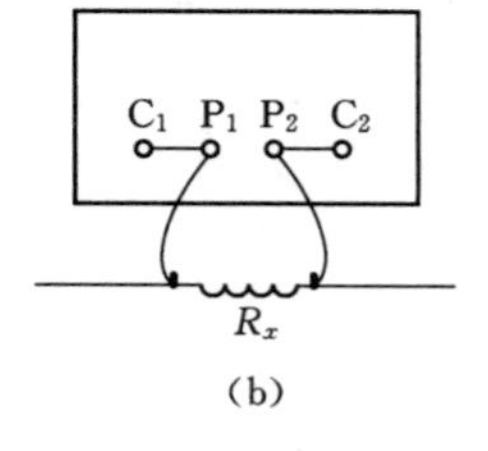

图2－9－1　用直流双臂电桥测量电阻的接线
（a）正确接法；（b）错误接法

表2－9－3　　低值电阻的测量

R_x接入方法	倍　率	比较臂（Ω）	测　量　值
正确接法			
错误接法			

（4）用兆欧表测量绝缘电阻。

1）测量前先检查兆欧表。将兆欧表放置平稳，使“L”和“E”两个端钮开路，摇动兆欧表至额定转速（120r/min），观察指针是否指在“∞”位置；然后再将“L”和“E”短接，缓慢地摇动手柄，观察指针是否指“0”，若指针不指“0”，说明兆欧表有故障，须经检修后才能使用。

2）测量三相调压器各绕组之间及各绕组和外罩之间的绝缘电阻。在测量各绕组与外罩之间绝缘电阻时，“L”端接绕组，“E”端接外罩，摇动兆欧表至额定转速，待指针稳定后再读数，并记录于表2－9－4中。

表2-9-4　　高值电阻的测量

项　　目	绝缘电阻（MΩ）	项　　目	绝缘电阻（MΩ）
A、B绕组		A绕组与外罩	
B、C绕组		B绕组与外罩	
C、A绕组		C绕组与外罩	

五、实验分析和讨论

（1）用直流单臂电桥测量5.5Ω、55Ω、550Ω和5500Ω时，应选的倍率各是多少？

（2）当单臂电桥的检流计指针向“＋”方向偏转时，应增大还是减小比较臂的电阻？向“－”方向偏转呢？

（3）用双臂电桥测量时，如果被测电阻没有专门的电位接头和电流接头应如何接线？

（4）如何用兆欧表测量三相电动机两相绕组间的绝缘电阻？

六、实验预习要求

复习直流单臂电桥、直流双臂电桥和兆欧表的结构、原理及正确使用方法。

实验十　线圈参数的测量

一、实验目的

（1）掌握用三表法测量线圈参数。

（2）学会使用单相功率表。

二、实验原理和说明

（1）交流元件的参数 R、L、C 可以用交流电桥直接测量，也可以在正弦交流电路中用交流电流表、交流电压表和功率表测量交流电流 I、电压 U 和功率 P，然后通过计算来求得，这种方法称为三表法。三表法所用的仪表都是普通常用仪表，有助于建立清楚的物理概念，但测量误差稍大。如 $R-L$ 串联电路，因为

$$P=UI\cos\varphi=I^2R$$

$$|Z|=\frac{U}{I}=\sqrt{R^2+X^2}$$

$$X_L=\sqrt{|Z|^2-R^2}=\omega L$$

则

$$R=\frac{P}{I^2}$$

$$L=\frac{X_L}{\omega}$$

（2）用三表法测量线圈参数的两种测量电路。与伏安法测电阻相似，三表法也有两种测量电路，如图 2－10－1 所示。

在图 2－10－1（a）中，功率表的电压支路前接，其读数包括功率表电流线圈和电流表的功率损耗。在图 2－10－1（b）中，功率表的电压支路后接，其读数包括功率表电压支路和电压表的功率损耗。所以，两种电路中功率表的读数均较负载实际消耗的功率略大。正确选择测量电路，可以减少测量误差。

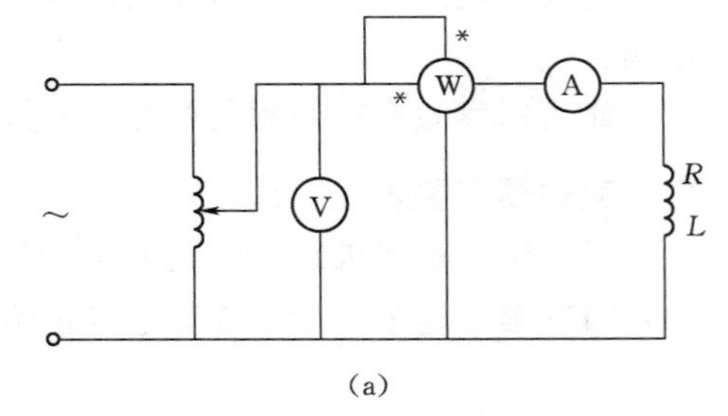

(a)

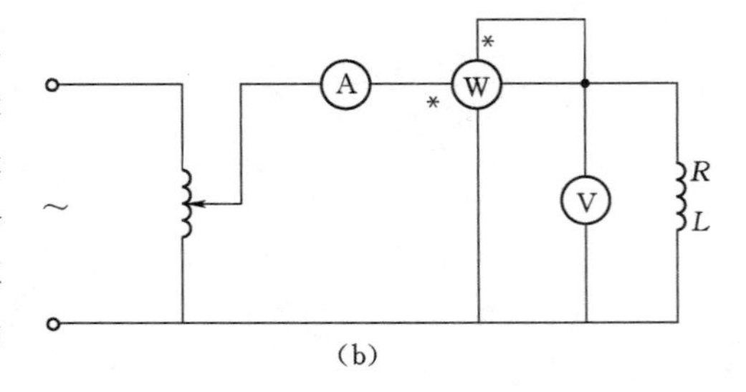

(b)

图 2－10－1　三表法测量线圈参数的电路

(a) 功率表电压支路前接；

(b) 功率表电压支路后接

三、实验仪器设备

（1）ZH—12 型电工实验台 1 台。

（2）电感线圈（日光灯镇流器）1只。

（3）交流电流表1只。

（4）交流电压表1只。

（5）功率表1只。

四、实验内容和步骤

分别按图2－10－1所示的两种接线测量参数R和L，并将测量值和计算值记录于表2－10－1中。

表2－10－1　　**线圈参数的测量**

接线方式	测量值			计算值				
	U(V)	I(mA)	P(W)	R	$\|Z\|$	X_L	L	$\lambda=\cos\varphi$
功率表电压支路前接		50						
		100						
		150						
	平均参数							
功率表电压支路后接		50						
		100						
		150						
	平均参数							

五、实验分析和讨论

（1）将两种接线方式所测得线圈的参数与线圈的铭牌值相比较，分析两种接线方式的适用范围。

（2）如何用实验方法判别负载是电感性还是电容性？

六、实验预习要求

（1）写出用三表法求线圈参数R、$|Z|$、X_L、L、λ的计算公式。

（2）阅读第1篇第5章5.3节电表正确接线和读数的有关内容。

实验十一　日光灯电路和功率因数的提高

一、实验目的

（1）学会日光灯电路的接线，了解日光灯的工作原理。

（2）研究并联电容提高功率因数的原理。

二、实验原理和说明

1. 日光灯电路组成

日光灯电路如图 2-11-1 所示，它由以下 3 部分组成。

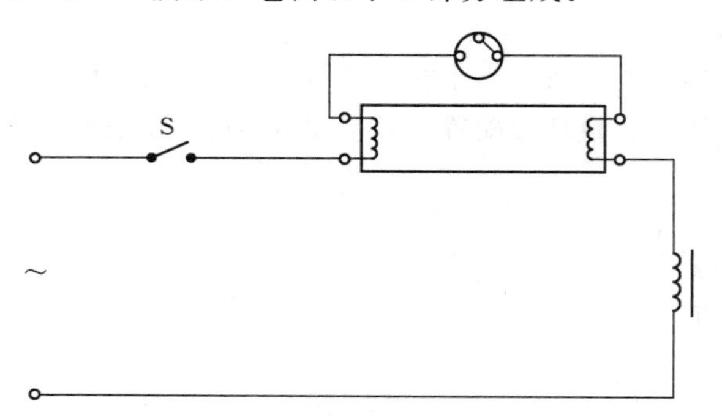

图 2-11-1　日光灯电路

（1）灯管。它是内壁涂有荧光粉的玻璃管，有直形、环形和 U 形等。灯管两端各有一组灯丝，灯丝上涂有在热状态下易发射电子的氧化物。在交流电源的作用下，灯管两端的灯丝交替起阴极（发射电子）和阳极（吸收电子）的作用。灯管内充有微量水银和少量惰性气体，如氩气。灯管上标有功率，灯管的长度和直径随功率的大小而不同。

（2）镇流器。这是一个铁芯线圈，它起两个作用：一是在日光灯启动时产生一个瞬间高电压，以点燃灯管；二是在日光灯启动后起到降低灯管的端电压并限制其电流的作用。

（3）启辉器。其外壳是用铝或塑料制成，内装一个充有氖气的小玻璃泡和一个纸质电容器，如图 2-11-2 所示。

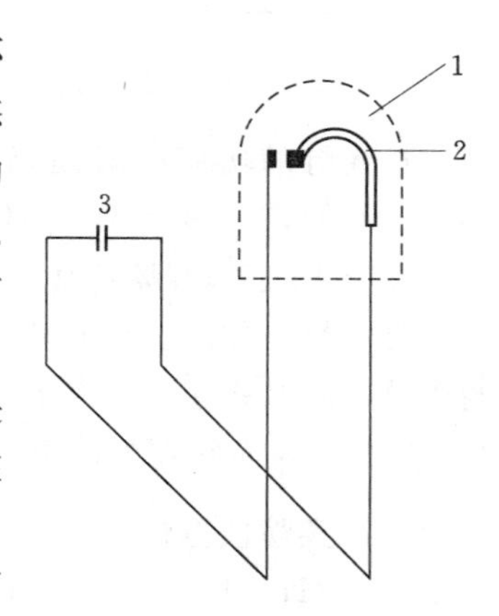

图 2-11-2　日光灯启辉器
1—玻璃泡；2—双金属片；
3—纸质电容

小玻璃泡内有两个电极，其中弯曲的一个称双金属片电极，它由里、外两种膨胀系数不同的金属片制成，受热时膨

胀翘起，与称为静触片的固定杆形电极接触而成通路。小容量纸质电容器与小玻璃泡两电极并联，其作用是避免触片断开时产生的火花将触片烧坏及消除火花放电时对无线电设备的干扰。

2. 日光灯的工作原理

日光灯电路刚接通 220V 交流电时，灯管并未立即点燃，电源电压全部加在启辉器两极片间，使氖气发生电离而产生辉光放电（红光）。此时，由灯丝—启辉器—灯丝—镇流器形成闭合回路，流过灯丝的电流（称启动电流）使灯丝加热发射出大量电子。与此同时，启辉器内的双金属片受热而翘起与静触片闭合，因触点接通而使辉光放电停止，经 1～3s，双金属片冷却恢复原状，造成灯丝加热电路突然断开，因而镇流器两端产生很高的自感电动势（为 400～600V），这个瞬间高电压与电源电压串联加在灯管两端，使灯管迅速击穿而形成放电，产生肉眼看不见的紫外线，紫外线射到管壁的荧光粉上，便发出像日光一样的光线。

日光灯点亮后，工作电流流经灯管和镇流器，如图 2 - 11 - 3 所示，镇流器上要产生较大的电压降，灯管两端的电压则不到电源电压的一半，如 30W 和 40W 的灯管电压分别约为 95V 和 108V，这样低的电压使启辉器不再产生辉光放电，所以，灯管正常工作时，启辉器的触头处于断开状态。

灯管与镇流器的容量要一致，当小容量灯管配置大容器镇流器时，灯管电压会偏高，从而影响灯管寿命，当大容量灯管配置小容量镇流器时，灯管启动会有困难。

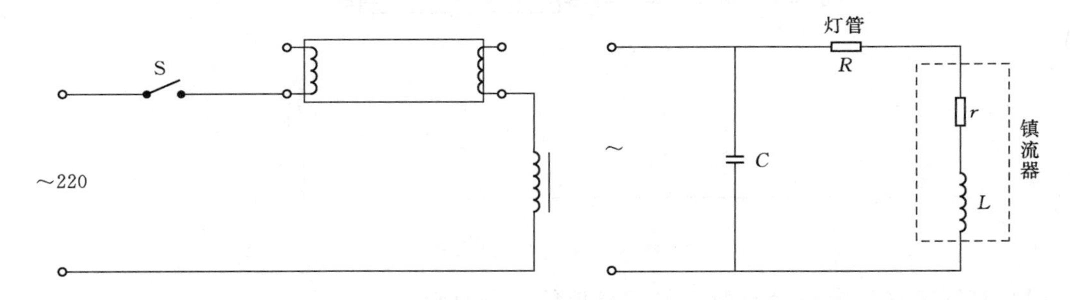

图 2 - 11 - 3　日光灯点亮后的电路　　图 2 - 11 - 4　并联电容提高功率因数原理电路

日光灯的功率一般是指灯管的功率，而镇流器也要消耗功率，其值为灯管功率的 10%～30%，一盏 30W 的日光灯实际消耗电功率约为 36W。

3. 并联电容器提高电路功率因数

日光灯工作时，灯管为一电阻性负载，它与镇流器的串联电路可用图 2 - 11 - 4 所示的等效电路来表示，由于镇流器的电感较大，所以日光灯电路的功率因数较低，其值在 0.5 左右，因而常在电源侧并联电容 C 以提高功率因数。

三、实验仪器设备

（1）ZH—12 型电工实验台 1 台。

（2）日光灯管 1 支。

（3）万用表 1 只。

（4）交流电流表 3 只。

（5）单相功率表 1 只。

（6）电容器 2 只。

（7）单刀开关 1 只。

四、实验内容和步骤

1. 日光灯实验电路

按图 2-11-5 所示练习日光灯电路的接线。

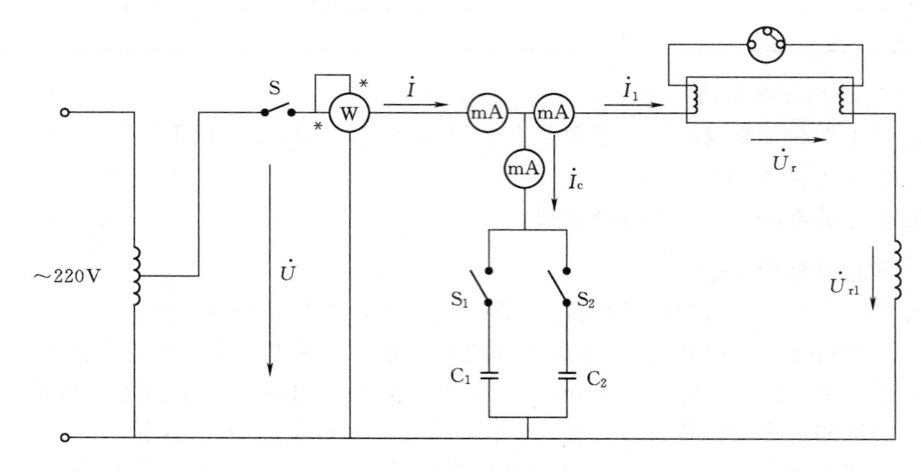

图 2-11-5　日光灯实验电路

2. 测量日光灯的基本数据

（1）将调压器手轮调至零位，合上开关 S，断开电容器上的开关 S_1、S_2。

（2）观察日光灯启动情况。接通电源，将调压器输出电压从零逐渐增加，直至日光灯起燃。测量总电压 U、日光灯灯管电压 U_R、镇流器电压 U_{rL}、电流 I_1 和功率 P，并记录于表 2-11-1 中。

（3）将调压器输出电压调到日光灯电路的额定电压 220V，使日光灯正常工作，测出此时的 U、U_R、U_{rL}、I、I_1、I_c 和 P，并记录于表 2-11-1 中。

表 2-11-1　　**日光灯电路实验**

状态		测量值							计算				
		U	U_R	U_{rL}	I	I_1	I_c	P	R	r	L	$\cos\varphi_1$	$\cos\varphi$
S_1 断 S_2 断	启动												
	正常												
S_1 合 S_2 断	C_1												
S_1 断 S_2 合	C_2												
S_1 合 S_2 合	C_1+C_2												

3. 测量日光灯的启动点燃电压和熄灭电压

合上开关S，将调压器输出电压由零逐渐增大，待日光灯点亮，测量电路端电压，记录于表2-11-2中；当日光灯工作电压达到正常后，将调压器输出电压逐渐减小，待日光灯熄灭，测量电路端电压，记录于表2-11-2中。

表2-11-2　　日光灯启动及熄灭电压

启动点燃电压（V）	熄灭电压（V）

4. 提高日光灯电路的功率因数

日光灯工作在正常电压时，逐个合上电容器开关，测出此时的U、U_R、U_{rL}、I、I_1、I_c和P，并记入表2-11-1中。

为延长灯管寿命，应减少启动次数。

五、实验分析和讨论

（1）若将启动器与白炽灯串联接至220V电源上，白炽灯会不会亮？

（2）日光灯有“频闪效应”，即日光灯随交流频率不断熄灭和燃亮，只是人的视觉残留而感觉不出来。试问电源频率为50Hz时，日光灯每秒内熄灭50次还是100次？

（3）试用相量图分析日光灯并联电容后，电路中各电流的变化情况。

（4）并联电容器后，是提高了日光灯本身的功率因数，还是提高了整个电路的功率因数？

（5）如何计算日光灯电路的参数？并画出日光灯的电路模型图。

六、实验预习要求

（1）阅读提高功率因数的有关内容。

（2）阅读本指导书日光灯原理部分。

实验十二　串　联　谐　振

一、实验目的

（1）学习测量 R、L、C 串联电路的谐振频率和谐振曲线。

（2）加深对 R、L、C 串联谐振电路特性的理解。

二、实验原理和说明

（1）R、L、C 串联电路的端口电压和端口电流同相位的现象，即整个电路呈现电阻性，这种现象称为串联谐振。通过调节电源频率、电容或电感，可使电路达到谐振。发生串联谐振时的频率称为谐振频率，其值为

$$f_0=\frac{1}{2\pi\sqrt{LC}}$$

（2）电路发生串联谐振时，有以下特点：

1）电路的阻抗最小，$Z=R$，因而电流达到最大值，即

$$\dot{I}=\dot{I}_0=\frac{\dot{U}}{R}$$

2）当 $X_L=X_C>R$ 时，$U_L=U_C>U$；当 $X_L=X_C\gg R$ 时，$U_L=U_C\gg U$，电感电压和电容电压可能大于或远大于电源电压，所以串联谐振也称为电压谐振。

3）串联谐振时，U_L 或 U_C 与 U 之比称为品质因数 Q，其值为

$$Q=\frac{U_L}{U}=\frac{U_C}{U}=\frac{1}{\omega CR}=\frac{1}{R}\sqrt{\frac{L}{C}}$$

Q 受 R 的影响，R 越小，则 Q 值越大。

4）若 $R=0$，则谐振时的总阻抗等于零，相当于短路。

（3）谐振曲线。在电源电压不变的情况下，R、L、C 串联电路中的电流随频率变动的曲线，称为谐振曲线。谐振曲线的形状与品质因数 Q 有关，Q 值越大，曲线在谐振点附近的形状越尖，见图 2-12-1，电路的选择性越好。

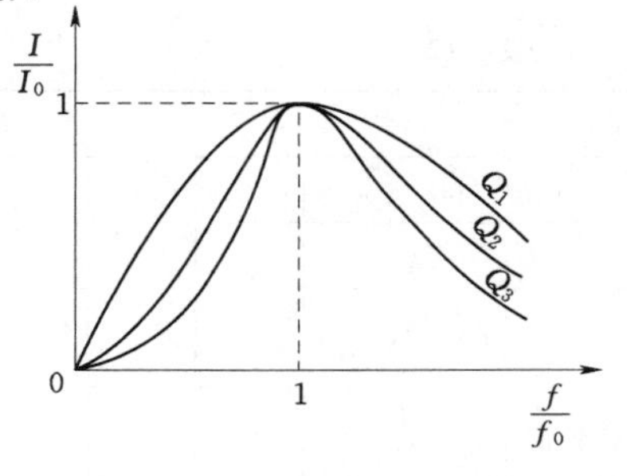

图 2-12-1　通用谐振曲线

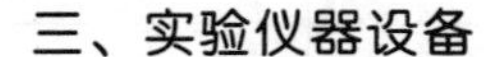

三、实验仪器设备

（1）低频信号发生器 1 台。

（2）电感线圈 1 只。

(3) 电容器1只。

(4) 电阻箱1只。

(5) 晶体管伏特表1只。

四、实验内容和步骤

1. 测定谐振频率 f_0 和品质因数 Q

(1) 实验电路如图2-12-2所示。图中 $L=10\text{mH}$、$C=6\mu\text{F}$、$R=10\Omega$。

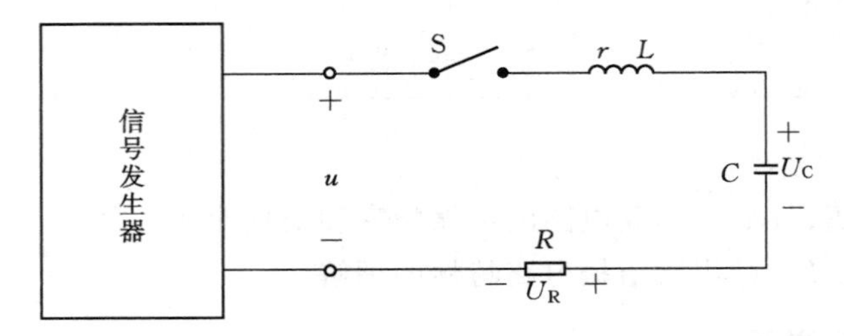

图2-12-2 串联谐振实验电路

(2) 调节信号发生器，使其输出电压 $U=4\text{V}$，并始终保持不变。

(3) 由预先计算可知，谐振频率 f_0 应在__________Hz左右，故可在__________Hz附近调节信号发生器的频率，并用晶体管伏特表测量 U_R。当 U_R 出现最大值（也即出现电流最大值）时，记录此频率，此频率即为电路的谐振频率 f_0。为测量准确，要反复调节，并始终保持电源电压为4V。同时，测量线圈电压 U_{RL} 和电容电压 U_C，U_{RL} 应略大于 U_C，并记录于表2-12-1中。

表2-12-1 串联谐振的各电压和品质因数

$R(\Omega)$	$f_0(\text{Hz})$	$U_R(\text{V})$	$U_{RL}(\text{V})$	$U_C(\text{V})$	计算 $Q=U_C/U$
$R=10$					
$R=100$					

(4) 将 R 改变为 100Ω，重复上述测量，记录于表2-12-1中。

2. 测量谐振曲线

(1) 电路仍如图2-12-2所示，改变输入信号频率，分别测量不同频率时的 U_R，并记录于表2-12-2中。

表2-12-2 谐振曲线的测量（一）

$R=10\Omega$								$Q=$						
$f(\text{Hz})$								f_0						
$U_R(\text{mV})$														
计算值	$I=\frac{U_R}{R}(\text{mA})$													
	$\frac{I}{I_0}$													
	$\frac{f}{f_0}$													

注意，在 f_0 附近（0.5～1.5f_0）测点稍密，以利绘制曲线，每次改变频率时，均应调节信号发生器，使输出电压保持在4V。

（2）将 R 改为100Ω，重复上述测量，并记录于表2-12-3中。

表2-12-3　　谐振曲线的测量（二）

$R=100\Omega$　　$Q=$														
f(Hz)								f_0						
U_R(mV)														
计算值	$I=\frac{U_R}{R}$(mA)													
	$\frac{I}{I_0}$													
	$\frac{f}{f_0}$													

五、实验分析和讨论

（1）按公式计算电路的谐振频率 f_0 和品质因数 Q，与实验结果进行比较。

（2）根据表2-12-2和表2-12-3所列的数据，在同一坐标平面上画出不同 Q 值的两条通用频率特性曲线，并分析 Q 对曲线的影响。

（3）测量 U_R、U_{RL}、U_C 各值有何用处？试画出 $\dot{U}_R$、$\dot{U}_{RL}$、$\dot{U}_C$、$\dot{U}$ 的相量图。

（4）电路中的电流是如何测量的？为什么不用电流表直接测量？

六、实验预习要求

（1）什么是谐振、串联谐振及串联谐振的条件和特点？

（2）计算实验电路的谐振频率和品质因数。

实验十三　同名端和互感系数的测定

一、实验目的

（1）学习测定同名端的方法。

（2）学习测定互感系数的方法。

二、实验原理和说明

1. 同名端的测定

两个磁耦合线圈，当电流自两同名端流入时，磁通的方向是相同的，或者说是相互加强的。而同名端以“*”或“•”标记。测定同名端的方法如下：

（1）直流通断法。实验电路如图 2-13-1 所示，在开关闭合的瞬间，观察直流毫伏表的指针偏转方向。若毫伏表的指针正向偏转，则接电源正端的 a 与接毫伏表正端的 c 为同名端；若毫伏表的指针反向偏转，则接电源正端的 a 与接毫伏表负端的 d 为同名端。

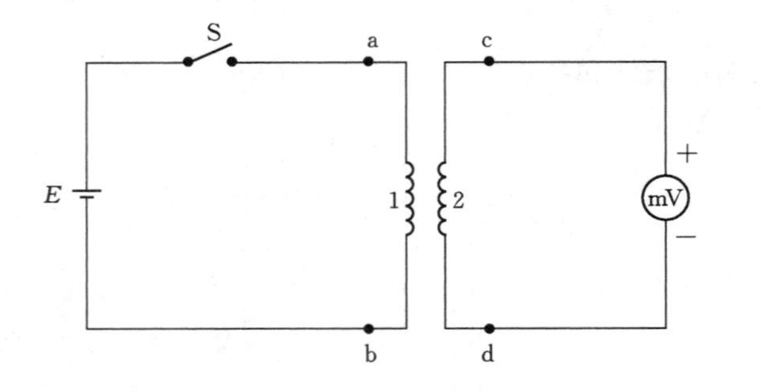

图 2-13-1　直流通断法测定电路

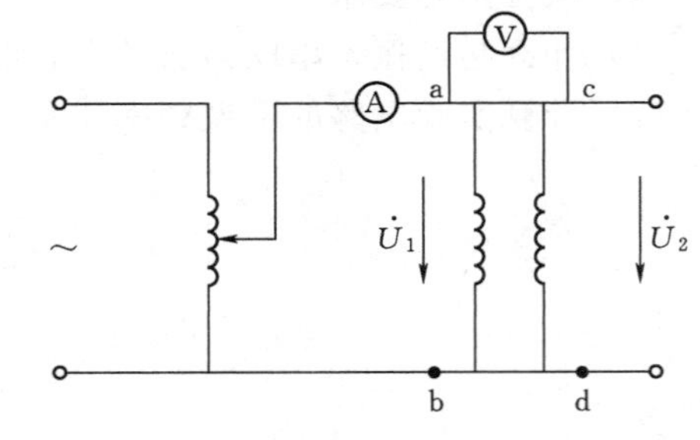

图 2-13-2　交流电压差法测定电路

（2）交流电压差法。实验电路如图 2-13-2 所示，互感线圈的 a、b 端接于交流电源，交流电压表所测的电压为（$\dot{U}_1-\dot{U}_2$）的有效值。若 a 与 c 为同名端，则读数为$|U_1-U_2|$，数值较小。若 a 与 c 为异名端，则读数为$|U_1+U_2|$，数值较大。故可根据电压表两种读数的大小来确定同名端。

2. 互感系数 M 的测定

用互感电压法测定互感系数 M 的实验电路如图 2-13-3 所示，用电压表测取互感电压 U_2，当电压表的内阻很大时，U_2 与 I_1 的关系是

$$U_2=\omega M_{12}I_1$$

故

$$M_{12}=\frac{U_2}{\omega I_1}$$

同理，将两线圈位置互换，因故 $U_1=\omega M_{21}I_2$

故
$$M_{21}=\frac{U_1}{\omega I_2}$$

M_{12}应与M_{21}相等。

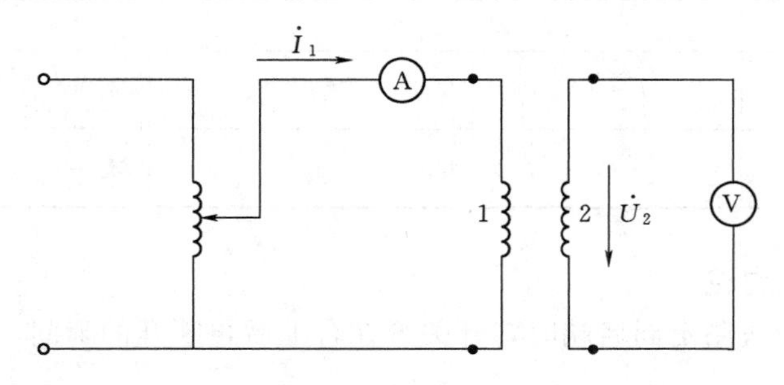

图 2-13-3　互感电压法测定互感系数的电路

三、实验仪器设备

(1) ZH—12 型电工实验台 1 台。

(2) 互感线圈 1 只。

(3) 直流毫伏表 1 只。

(4) 交流电压表 1 只。

(5) 交流电流表 1 只。

(6) 万用表 1 只。

(7) 单刀开关 1 只。

四、实验内容和步骤

1. *用直流通断法测定互感线圈的同名端*

按图 2-13-1 所示接线，将开关 S 合上并立即拉开，如果在此瞬间毫伏表指针正向偏转（微动），则同毫伏表正端相接的线圈 2 的端钮 c，与同电源正端相接的线圈 1 的端钮 a 为一对同名端，并在该两端钮上标上“•”的标记。注意开关 S 必须一合即拉开，以免线圈长时间与直流电源接通。

2. *用交流电压差法校验所测定之同名端*

按图 2-13-2 所示接线，调压器由零逐渐升压，电流表做监视用，使电流限制在额定值以内，先测 U_{ac}，再将线圈 2 的两端对调，测量 U_{ad}，并记录于表 2-13-1 中。

表 2-13-1　　同名端的确定

电流表读数 $I=$	（不大于线圈 1 的额定电流）
电压表读数 $U_{ac}=$	$U_{ad}=$
验证结果：________端与________端为同名端	

3. *用互感电压法测互感系数 M*

按图 2-13-3 所示接线，调节调压器的输出电压，使线圈 1 中的电流 $I_1=1A$（不超过线圈 1 的额定电流），用万用表的交流电压挡测量线圈 2 的开路电压 U_{20}，然后将两线圈位置互换（线圈 2 接电源，线圈 1 开路），测量 U_{10}，并记录于表 2-13-2 中。

表 2-13-2　　互感系数的测定

接电源的线圈	测 量 值		计 算 值
1	$I_1=1A$	$U_{20}=$	$M_{12}=\frac{U_{20}}{\omega I_1}=$
2	$I_2=1A$	$U_{10}=$	$M_{21}=\frac{U_{10}}{\omega I_2}=$

五、实验分析和讨论

（1）用直流通断法测定同名端时，开关 S 在合上后再断开的瞬间，直流毫伏表的指针朝着什么方向偏转？

（2）测量互感系数还有什么其他方法？

（3）试分析直流通断法测同名端的原理。

实验十四　三相负载的星形连接

一、实验目的

（1）练习三相负载的星形连接的接法和相电压、相电流、线电压的测量。

（2）验证对称三相星形连接电路的线电压与相电压的关系。

（3）了解中线的作用。

（4）学习相序测定的方法。

二、实验原理和说明

（1）三相对称负载星形连接时，线电压与相电压之间有$\sqrt{3}$倍的关系，即$U_l=\sqrt{3}U_P$，而线电流等于相电流，即$I_l=I_P$。因三相电流对称，中线电流$\dot{I}_N=\dot{I}_A+\dot{I}_B+\dot{I}_C=0$，故中线在对称电路中不起作用。

（2）三相四线制不对称电路中，各相电压仍是对称的，但是相电流不对称，中线电流$\dot{I}_N=\dot{I}_A+\dot{I}_B+\dot{I}_C\neq0$，中线保证了负载相电压对称，因而中线的存在在三相不对称电路中的作用是非常大的，不能随便去掉。

（3）三相三线制不对称星形连接电路中，线电压对称，但负载相电压不对称，负载中点N与电源中点N′之间有电位差，记为$\dot{U}_{N'N}$（中点电压）。当一相负载短路时，$U_{N'N}=U_P$，其他两相负载的相电压为对应的线电压。当一相负载断开时，其他两相负载串联在线电压上。

三、实验仪器设备

（1）ZH—12型电工实验台1台。

（2）交流电流表3只。

（3）500型万用表1只。

（4）开关3只。

（5）小灯泡及灯座各6个。

（6）示相器（或电容器）1个。

四、实验内容和步骤

1. 实验电路

实验电路如图2－14－1所示，其中每相两个灯泡并联，接成三相四线制。

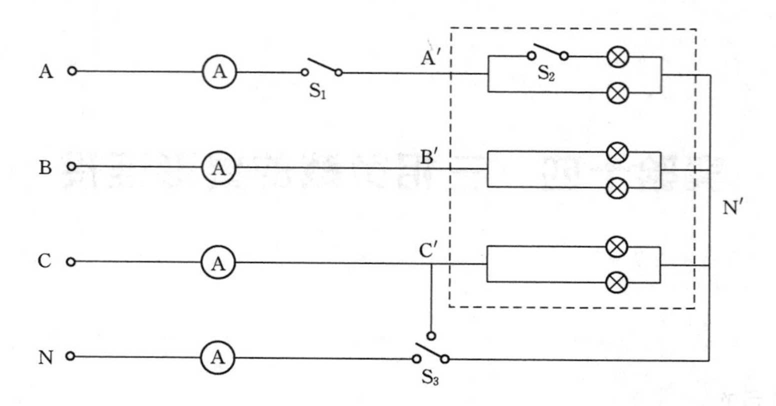

图 2-14-1　三相负载星形连接的实验电路

2. 负载对称（开关 S_1 和开关 S_2 合上）

（1）开关 S_3 合至 N，测量有中线时各线电压、负载相电压、线（相）电流和中线电流，并记录于表 2-14-1 中。

（2）断开开关 S_3，测量无中线时的各线电压、负载相电压、线（相）电流和中点电压，并记录于表 2-14-1 中。

3. 负载不对称（开关 S_2 断开）

（1）同内容 2 的（1），并记录于表 2-14-1 中。

（2）同内容 2 的（2），并记录于表 2-14-1 中。

4. A 线（相）断路（开关 S_1 断开）

（1）同内容 2 的（1），并记录于表 2-14-1 中。

（2）同内容 2 的（2），并记录于表 2-14-1 中。

5. C 相负载短路（开关 S_3 合至 C′）

注意一相负载短路时，必须断开中线。

表 2-14-1　　**三相负载星形连接各电压、电流**

形　式		线电压			相电压			线（相）电流			中线电流	中点电压
		U_{AB}	U_{BC}	U_{CA}	$U_{A'N'}$	$U_{B'N'}$	$U_{C'N'}$	I_A	I_B	I_C	I_N	$U_{N'N}$
三相负载对称（$R_A=R_B=R_C$）	有中线											
	无中线											
三相负载不对称（$R_A>R_B=R_C$）	有中线											
	无中线											
A 相负载开路（$R_A\to\infty$）	有中线											
	无中线											
C 相负载短路	无中线											

6. 相序的测定

用示相器，根据电容接 A 相，“灯泡 B 亮 C 暗”的现象来确定相序。

五、实验分析和讨论

（1）分析图 2-14-1 所示电路中开关 S_3 的作用。

（2）根据实验数据，分析三相四线制电路中线的作用。

（3）根据实验数据，画出 A 相断路及 C 相短路时三相三线制电路电压和电流的相量图。

六、实验预习和要求

（1）复习电路基础课程中，负载星形连接的有关内容。

（2）熟悉本次实验接线图，要做到不看图接线。

（3）估计一相短路时，三相三线制电路三相电流的大小。

实验十五　三相负载的三角形连接

一、实验目的

（1）练习三相负载三角形连接。

（2）验证三相对称负载三角形连接的线电压与相电压、线电流与相电流之间的关系。

（3）测量不对称负载三角形连接的线电流、相电流及各负载相电压。

二、实验原理和说明

（1）对称负载三角形连接时，线电流与相电流之间有$\sqrt{3}$倍的关系，即 $I_l=\sqrt{3}I_P$；而线电压就是相电压，即 $U_l=U_P$。

（2）不对称负载三角形连接时，各相电压是对称的，但各相电流不对称。线电流的相量等于相应两相相电流的相量差，即 $\dot{I}_A=\dot{I}_{AB}-\dot{I}_{CA}$、$\dot{I}_B=\dot{I}_{BC}-\dot{I}_{AB}$、$\dot{I}_C=\dot{I}_{CA}-\dot{I}_{BC}$。

（3）一相负载断路时，另两相负载不受影响，如 AB 相负载断路，$\dot{I}_{AB}=0$，而 $\dot{I}_{BC}$和 $\dot{I}_{CA}$均保持不变，线电流 $\dot{I}_C$也不受影响。但另两个线电流变为 $\dot{I}_A=-\dot{I}_{CA}$，$\dot{I}_B=\dot{I}_{BC}$。

（4）一端线断路时，两相负载形成串联，再与另一相负载并联接在线电压上，实际上成为单相电路。

三、实验仪器设备

（1）ZH—12 型电工实验台 1 台。

（2）500 型万用表 1 只。

（3）交流电流表 4 只。

（4）灯泡及灯座各 6 个。

（5）单刀开关 2 只。

四、实验内容和步骤

（1）如图 2－15－1 所示，将灯泡负载接成三角形。

（2）测量负载对称（开关 S_1 和开关 S_2 合上）时的各线（相）电压、线电流、相电流，并记录于表 2－15－1 中。

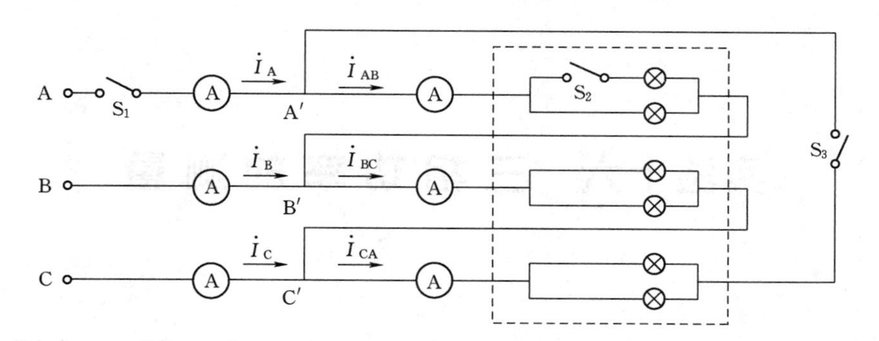

图 2-15-1　三相负载三角形连接的实验电路

表 2-15-1　　三相负载三角形连接各电压、电流

电路状态	线（相）电压（V）			线电流（A）			相电流（A）		
	U_{AB}	U_{BC}	U_{CA}	I_A	I_B	I_C	I_{AB}	I_{BC}	I_{CA}
负载对称									
AB 相少一灯泡									
CA 相断路									
A 线断路									

（3）AB 相少一灯泡（断开开关 S_2），测量项目同（2），记录于表 2-15-1 中。

（4）CA 相负载断路（断开开关 S_3），测量项目同（2），记录于表 2-15-1 中。

（5）A 线断路（断开开关 S_1），测量项目同（2），记录于表 2-15-1 中。

五、实验分析和讨论

（1）本次实验能否做一相负载短路实验？

（2）根据实验数据画出负载对称、AB 相少一灯泡、CA 相断路 3 种情况的电压和电流的相量图。

（3）负载作三角形连接时，三相线电流相量之和是否必须等于零？

六、实验预习要求

（1）复习负载三角形连接时线电流和相电流的关系。

（2）根据负载功率，估算各部分电流值，作为选择电流表量限的参考。

实验十六　三相功率的测量

一、实验目的

(1) 应用两表法、三表法测量三相电路的有功功率。

(2) 进一步掌握单相功率表的使用。

二、实验原理和说明

有功功率的测量。测量如图 2-16-1 所示三相电路的有功功率，常用 3 种方法。

(1) 三表法测量三相四线制电路的有功功率。

测量电路如图 2-16-1 所示，原理见第 1 篇第 5 章 5.6 节。三表读数之和为三相有功功率，即

$$P = P_1 + P_2 + P_3$$

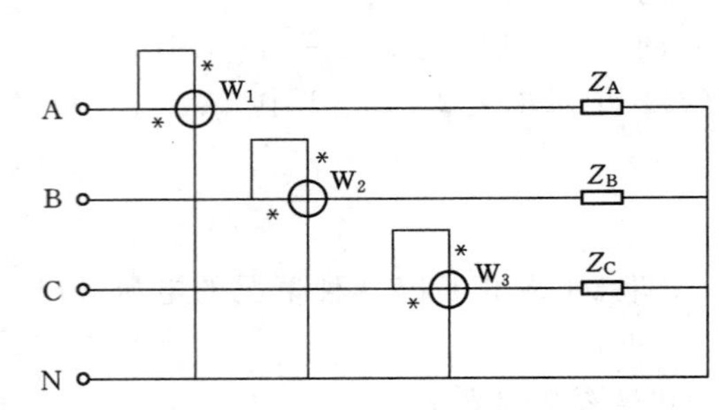

图 2-16-1　三表法测量三相四线制电路有功功率

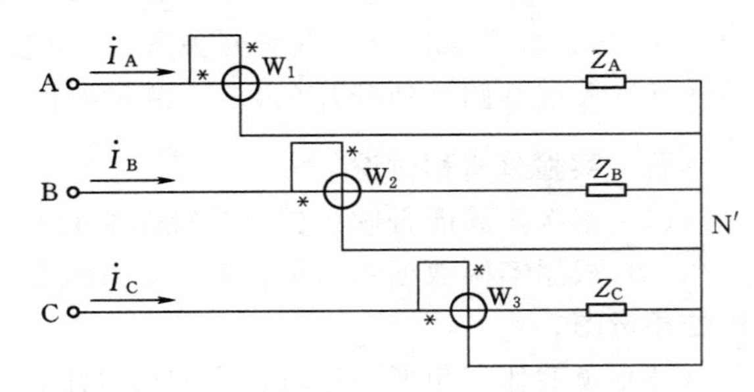

图 2-16-2　三表法测量三相三线制电路的有功功率

(2) 三表法测量三相三线制电路的有功功率。

测量电路如图 2-16-2 所示，原理见第 1 篇第 5 章 5.6 节。三表读数之和为三相有功功率，即

$$P = P_1 + P_2 + P_3$$

(3) 两表法测量三相三线制电路有功功率。

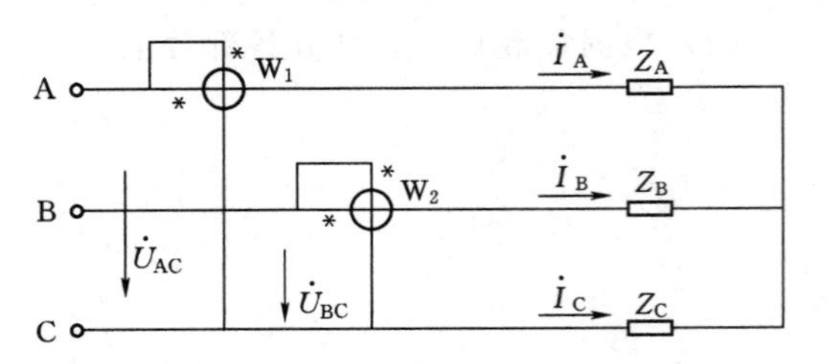

图 2-16-3　两表法测量三相三线制电路的有功功率

测量电路如图 2-16-3 所示，原理见第 1 篇第 5 章 5.6 节。不论负载对称与否，两表读数之和等于三相有功功率，即

$$P=P_1+P_2$$

若其中一只功率表的指针反向偏转，应将功率表的电流线圈的两个端钮对换（功率表附有极性转换开关的，只要将转换开关由“+”转到“－”的位置），切忌互换电压接线，以免功率表产生误差。改换端钮后的功率表的读数记为负值。

三表跨相法测量三相无功功率，测量电路如图 2－16－4 所示。原理见第 1 篇第 5 章 5.7 节。

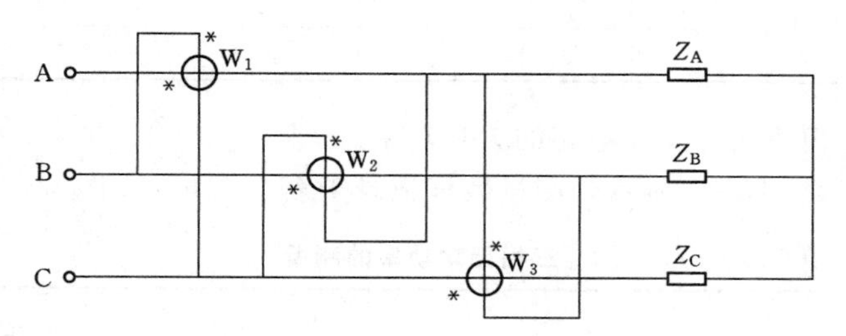

图 2－16－4　三表跨相法测量三相无功功率

三相总无功功率为

$$Q=\frac{1}{\sqrt{3}}(P_1+P_2+P_3)$$

三、实验仪器设备

(1) ZH—12 型电工实验台 1 台。

(2) 单相功率表 1 只。

(3) 电容器 1 只。

(4) 镇流器 1 只。

(5) 交流电流表 3 只。

(6) 灯泡及灯座各 4 个。

四、实验内容和步骤

实验负载如图 2－16－5 所示，A、B 和 C 三相负载分别呈阻性、感性和容性，S 闭合和打开分别为四线制和三相制电路。

(1) 用三表法测量三相四线制电路的有功功率。

实验电路如图 2－16－1 所示，测量数据记录于表 2－16－1 中。

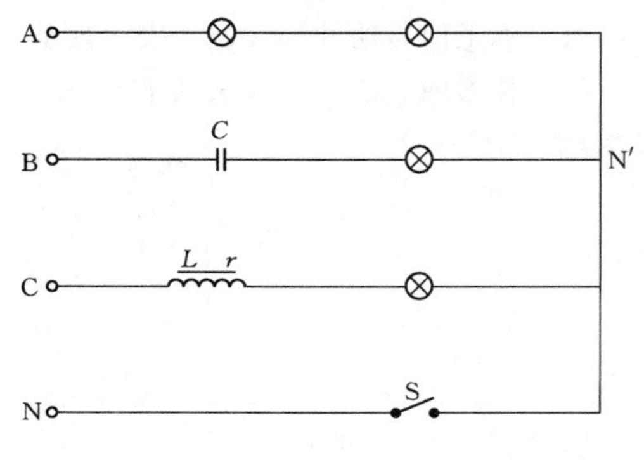

图 2－16－5　不对称三相负载

表 2－16－1　　三相四线制电路的功率测量

P_1	P_2	P_3	$P_1+P_2+P_3$

(2) 用三表法测量三相三线制电路的有功功率。

实验电路如图 2-16-2 所示，测量数据记录于表 2-16-2 中。

(3) 用两表法测量三相三线制电路的有功功率。

实验电路如图 2-16-3 所示，测量数据记录于表 2-16-2 中。

表 2-16-2　　三相三线制电路功率的测量

三表法				两表法		
P_1	P_2	P_3	$P=P_1+P_2+P_3$	P_1	P_2	$P=P_1+P_2$

(4) 用三表跨相法测量三相电路的无功功率。

实验电路如图 2-16-4 所示，测量数据记录于表 2-16-3 中。

表 2-16-3　　三相无功功率的测量

P_1	P_2	P_3	$Q=\frac{1}{\sqrt{3}}(P_1+P_2+P_3)$

五、实验分析和讨论

(1) 实验时注意分清功率表电流线圈与电压线圈，接线时电流线圈应串联在电路中，电压线圈应并联在被测电路中。

(2) 比较三表法、两表法测量三相三线制电路的有功功率。

(3) 无功功率测量时应切记拆除功率表电压线圈“*”端钮和电流线圈“*”端钮的连接线；否则会造成短路。

六、实验预习要求

(1) 熟悉两表法的接线及一表出现反偏时的改接方法。

(2) 预习两表法、三表法测量三相有功功率及三表跨相法测量三相无功功率的原理和接线。

参　考　文　献

［1］ 邱关源．电路．北京：高等教育出版社，2003.

［2］ 蔡元宇．电路及磁路基础．北京：高等教育出版社，1993.

［3］ 周南星．电工测量及实验．北京：中国电力出版社，1994.

［4］ 周启龙．电工仪表及测量．北京：中国水利水电出版社，2008.